图文精解肉鸡常见病诊治

李连任　孙忠慧　主编

中国科学技术出版社

·北 京·

图书在版编目（CIP）数据

图文精解肉鸡常见病诊治 / 李连任，孙忠慧主编 . —北京：
中国科学技术出版社，2019.1
ISBN 978-7-5046-7928-4

I. ①图… II. ①李… ②孙… III. ①肉鸡—鸡病—诊疗—图解
IV. ① S858.31-64

中国版本图书馆 CIP 数据核字（2018）第 270055 号

策划编辑	王绍昱
责任编辑	王绍昱
装帧设计	中文天地
责任校对	焦　宁
责任印制	徐　飞

出　　版	中国科学技术出版社
发　　行	中国科学技术出版社发行部
地　　址	北京市海淀区中关村南大街16号
邮　　编	100081
发行电话	010-62173865
传　　真	010-62173081
网　　址	http://www.cspbooks.com.cn

开　　本	889mm×1194mm　1/32
字　　数	66千字
印　　张	3.875
版　　次	2019年1月第1版
印　　次	2019年1月第1次印刷
印　　刷	北京盛通印刷股份有限公司
书　　号	ISBN 978-7-5046-7928-4 / S·744
定　　价	29.00元

主　　编：李连任　　孙忠慧

副 主 编：吴崇义　　白延波

编写人员：李　童　　陈德霞　　侯和菊　　贺　超
　　　　　杜立乾　　赵　娜　　刘子平　　张瑞红
　　　　　马碧宏　　黄新强　　秦其国　　秦久国

　　近年来，肉鸡标准化养殖逐渐普及，规模效益日渐显现。与此同时，鸡病流行情况越来越复杂，治疗难度加大，给肉鸡生产带来很大安全隐患。为帮助养殖场（户）提高对肉鸡常见病的诊治能力，保障肉鸡养殖业健康发展，我们组织多位一线技术服务人员编写了这本《图文精解肉鸡常见病诊治》。

　　本书编写人员均为兽药厂一线兽医技术服务人员，肉鸡疾病临床经验丰富，诊治实战能力强。全书从鸡病诊治基础知识入手，配以200多幅图片，对25种肉鸡常见多发疾病的诊断方法和防治技术进行了精细讲解，彩色图片几乎全部是作者在一线技术服务工作中实地拍摄的，图像清晰，直观真实，可让读者"看图识病"，达到快速掌握各种肉鸡常见病诊断与防治技术的目的。

　　《图文精解肉鸡常见病诊治》通俗易懂、图文并茂，是广大肉鸡养殖场（户）技术人员、动物检疫工作者、

基层兽医人员必备的工具书，也是大中专院校动物医学专业、食品卫生检验专业及其他相关专业的推荐参考书。

由于编者水平所限，时间仓促，书中难免有不妥甚至谬误之处，恳求读者批评指正。

李连任

目录

Contents

第一章 鸡病诊治基础知识

一、鸡的形体与解剖特征

（一）鸡的形体特征

鸡的形体可分为头部、颈部、体躯和四肢四大部分（图1-1）。

鸡头部由冠、髯、喙、脸、眼、耳叶、肉垂等构成。

鸡颈由 13~14 个颈椎组成，因品种不同颈部长短也不同。肉用型鸡颈较粗短。

鸡的体躯由胸、腹、尾三部分构成，其形态与性别、生产性能、健康状况有密切关系。

正常的鸡翅膀应紧扣身体，下垂是体弱多病的表现。后肢骨骼较长，其股骨包入体内，胫骨肌肉发达，称为大腿；跖骨细长，称为胫部。胫部鳞片为皮肤衍生物。有些疾病会在鳞片上见到出血。

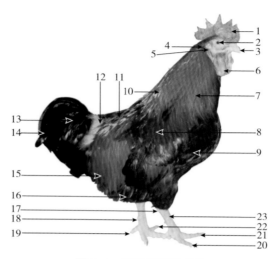

图 1-1 鸡体各部位名称

1. 鸡冠　2. 眼　3. 喙　4. 耳　5. 耳叶　6. 肉髯　7. 项羽（梳羽）　8. 翼　9. 胸
10. 肩　11. 背　12. 鞍（腰）　13. 小镰羽　14. 大镰羽　15. 腹　16. 小腿　17. 跗
关节　18. 距　19. 第四趾（后趾）　20. 第三趾（内趾）　21. 第二趾　22. 第一趾
23. 胫

（二）消化系统解剖特征

鸡的消化系统由口咽、食管、嗉囊、胃、肠、泄殖腔、肝
和胰组成（图 1-2）。

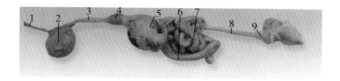

图 1-2 鸡的消化系统

1. 食管颈段　2. 嗉囊　3. 食管胸段　4. 腺胃　5. 肌胃
6. 十二指肠　7. 空肠　8. 直肠　9. 泄殖腔

1. 口　咽

鸡口腔结构简单，没有唇、齿和软腭，因此与咽无明显界限，故将口腔和咽合称口咽。口咽黏膜内唾液腺发达，分布很广，主要分泌黏液。

2. 食管和嗉囊

食管前起于咽，后与嗉囊相连。嗉囊可贮存和软化食料。

3. 胃

（1）腺胃　呈短纺锤形，位于腹腔左侧、肝左右叶之间的背侧，前接食管，后连肌胃。胃壁较厚，胃腔小，内腔面有许多肉眼可见的圆形乳头。

（2）肌胃　也叫鸡肫。呈两面凸的圆形或椭圆形，壁厚而坚实。位于腹腔左侧、肝左、右叶之间的后方，前与腺胃相连，后与十二指肠相通。肌胃的平滑肌非常发达，在侧面上腱组织相互连接，形成致密而坚韧、闪光的腱膜。

肌胃内经常有吞食的砂粒，故肌胃也叫砂囊。胃黏膜表面覆盖一层富有皱褶而粗糙的黄色或棕色的角质膜，俗称肫皮（药名鸡内金），系脱落的黏膜上皮与胃襞内腺体的分泌物在酸性环境下硬化形成。

4. 肠和泄殖腔

（1）小肠　小肠较长，又分为十二指肠、空肠和回肠三段。

十二指肠：起于肌胃，并在肌胃右侧向后形成一"U"形袢。

空肠：较长，盘曲成许多半环状的肠袢。在空、回肠交界处的肠系膜对侧，有一小乳头状突起，叫卵黄囊憩室，是胚胎时期卵黄囊柄的遗迹。此处是空、回肠的界限。

回肠：较短而直，后部夹在两盲肠之间，并有回盲韧带与盲肠相连。

（2）大肠 包括两条盲肠和短的直肠。

盲肠：较长，呈盲管状。基部细，开口于回、直肠交界处，中部较粗，盲端较细。在基部襞内分布有丰富的淋巴组织，构成盲肠扁桃体。

直肠：短而直，呈淡灰绿色，前接回、盲肠连接处，向后逐渐变粗与泄殖腔相通。

（3）泄殖腔 是消化、泌尿和生殖3个系统后端的共用通道。略呈球形，向后以泄殖孔或肛门与外界相通。泄殖腔以两个不完整的黏膜褶分为三部分：即粪道、泄殖道和肛道。

鸡的泄殖腔不仅排泄固体废物，还包括肾脏的代谢废物。正因如此，正常粪便上多附着尿酸盐样尿液。成年母鸡和公鸡的泄殖腔还分别排出蛋和精液。

5. 肝和胰

（1）肝 较发达，位于腹腔前下部，分左右两叶。成鸡肝一般为淡褐色或红褐色。刚出壳的雏鸡由于吸收卵黄色素而呈鲜黄色，约2周后颜色变深。肥育鸡的肝则呈黄褐色或土黄色。

（2）胰 位于十二指肠袢内，淡红或淡黄色，有2~3条胰管开口于十二指肠终端。

（三）呼吸系统解剖特征

鸡的呼吸系统由鼻腔、喉、气管、鸣管、支气管、肺、气囊和充气骨骼组成。

1. 鼻　腔

鼻腔的外口为一对鼻孔，位于喙的基部。当鸡患传染性鼻炎等疾病时，窦黏膜发炎，致使眶下窦积液、肿大。

2. 咽

见消化系统口咽。

3. 喉

喉位于咽底壁、舌根后方，外形呈尖端向前的心形。

4. 气　管

气管起始于喉，较长，伴随食管等由颈部伸延到胸腔。其壁主要由"O"形软骨环靠结缔组织和肌组织连接构成，内衬黏膜。进入胸腔后在心基部背侧分为左右支气管进入左右肺，分支处形成鸣管。

5. 支　气　管

支气管很短，在心基部背侧经肺门进入左右肺。支气管的软骨环为"C"字形。

6. 肺

肺是进行气体交换的器官，鲜红色，位于胸腔背侧，略呈扁平四边形，不分叶，背侧嵌入肋间隙，具有几条肋沟。腹侧前方为肺门，是支气管、血管等进出的地方。

由于鸡肺内支气管相互通连，故肺内感染容易扩张，较难治疗。

7. 气　囊

气囊是禽类特有的器官，系支气管的分支出肺后膨大形成的黏膜囊。气囊壁薄而透明，多数家禽有9个，即1对颈气囊，1个锁骨气囊，1对胸前气囊，1对胸后气囊和1对腹气囊。颈气囊位于胸腔前部背侧，锁骨气囊位于胸腔前部腹侧，胸前气囊位于肺的腹侧前部，胸后气囊位于肺的腹侧后部（图1-3），腹气囊最大，位于腹腔内器官的两侧（图1-4）。

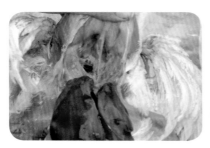
图1-3 胸气囊

图1-4 腹气囊

二、鸡病常见病理变化

（一）充　血

充血是指小动脉和毛细血管扩张，流入到组织器官中的动脉血量增加，流出的血量正常，使组织器官中的动脉血量增多的一种现象。

充血时由于组织器官中动脉含血量增多，外观表现为鲜红色，充血的器官稍增大，温度比正常时稍高，组织器官的功能增强。有时可见肠壁和肠系膜血管充血，表现为明显的树枝状，鲜红色。养殖户反映的肠道严重出血多属此类（图1-5）。

图1-5　肉鸡猝死：肠系膜血管充血

（二）淤　血

淤血是由于小静脉和毛细血管回流受阻，血液淤积在小静脉和毛细血管中，流入正常，流出减少，使组织器官中静脉血含量增多的现象。

肉鸡患腹水综合征时，肠管、肝脏、脾脏淤血（图1-6）明显，特别是肠管，表现为肠壁呈暗红色，血管明显增粗，充满暗红色血液。患传染性喉气管炎、禽流感、新城疫等疾病时，全身淤血，头颈部最容易看到，表现为鸡冠、肉髯、皮肤、食管黏

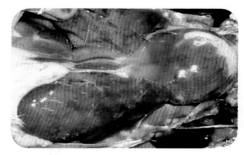

图1-6　肉鸡腹水综合征：肝脏、脾脏淤血，肿大

膜、气管黏膜呈暗红色或紫红色。

（三）出　血

血液流出心脏或血管以外称为出血。

在多数疾病中发生的出血多表现为点状、斑状或弥漫性出血。血液呈红色或暗红色。

鸡患有传染性法氏囊病时，多表现为腿肌、胸肌、翅肌的条纹状或斑块状出血（图1-7）；患有禽流感时，可发生多处出血，如腺胃、心肌、气管黏膜、肾、肺（图1-8）等出血，特征性病变是腿部鳞片下出血。

图 1-7　腿肌条纹状或斑点状出血

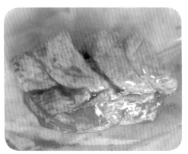

图 1-8　肺 出 血

（四）贫　血

图 1-9　鸡冠苍白，贫血

单位容积血液内红细胞数或血红蛋白低于正常范围，称为贫血。

贫血可分为局部贫血和全身性贫血。鸡的贫血主要是全身性贫血。主要表现为冠、髯苍白（图 1-9）、肌肉苍白等。

（五）水　肿

组织液在组织间隙蓄积过多的现象称为水肿。

根据发病原因可分为心性水肿、肝性水肿、营养性水肿、炎性水肿等。临床上常见到大肠杆菌病引起的水肿（图 1-10）。

水肿表现为局部皮下、肌间呈淡黄色或灰白色胶冻样浸润。鸡患有维生素 E- 硒缺乏症时，腹下、颈部等部位呈淡黄色或蓝绿色黏液样水肿；患有传染性法氏囊病，法氏囊呈淡黄色胶冻样水肿（图1-11）；患有腹水综合征，则表现为腹腔积水，呈无色或灰黄色；患禽流感，肺充血、水肿（图1-12）。

图1-10　大肠杆菌病：肿头肿脸

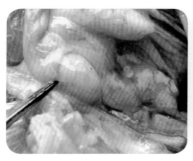

图1-11　传染性法氏囊病：法氏囊水肿

图1-12　禽流感：肺出血、水肿

（六）萎　缩

已经发育到正常大小的组织、器官，由于物质代谢障碍导致体积小、功能减退的过程，称为萎缩。

鸡病临床常见全身性萎缩，表现为生长发育不良，机体消瘦贫血，羽毛松乱无光，冠、髯萎缩、苍白，血液稀薄，全身脂肪耗尽，肌肉苍白、减少，器官体积缩小、重量减轻，肠壁菲薄。肉鸡患痛风时，机体消瘦，肌肉萎缩。局部萎缩常见于马立克氏病，受害肢体肌肉严重萎缩。肾脏萎缩时体积缩小，色泽变淡。

（七）坏 死

活体内局部组织细胞的病理性死亡称为坏死。

组织坏死的早期外观往往与原组织相似，不易辨认。时间稍长可发现坏死组织失去正常光泽或变为苍白色，浑浊（图1-13）；失去正常组织的弹性，捏起或切断后，组织回缩不良；没有正常的血液供应，故皮肤温度降低。

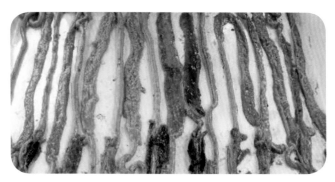

图1-13 坏死性肠炎：肠黏膜坏死

三、鸡病临床诊断方法

（一）调查询问

主要是向养殖户或养殖场一线生产技术人员询问，初步了解鸡病发生情况。主要问题如下：

（1）症状是什么；

（2）症状是什么时候开始出现的；

（3）症状是否已经持续了一段时间，或者之前就发生过类似的症状；

（4）是否有先前任何检查的病历，技术特征是什么。

（二）观察群体情况

当观察多个鸡舍和鸡群时，通常先看健康鸡后看病鸡，先看青年鸡后看老年鸡。

整体评价鸡群要点：是否有明显症状，表现症状鸡的比例，症状是否严重，鸡群的生长整齐度。

对病鸡和异常鸡进行临床诊断。

在鸡舍内认真、仔细地观察，把所观察到的每一种症状按照系统进行分类，如消化系统症状、呼吸系统症状、繁殖系统症状、骨骼肌和神经系统症状、皮肤和羽毛症状等。这样分类可以排除很多疾病，有助于准确地诊断。当然，很多时候仅由一种症状并不能直接推断出是哪种疾病，这就需要根据多种症状综合判断。

1. 观察鸡群精神状态

通过对鸡群精神状态的观察，了解疾病发展的进程和时期。

（1）正常状态 鸡对外界刺激反应比较敏感，听觉敏锐，两眼圆睁有神，有一点刺激就头部高抬，来回观察周围动静，严重刺激会引起惊群、鸣叫。

当走近鸡群时，观察鸡群是否有足够的警惕性，是平静还是躁动，是否全部站立起来，并发出叫声。那些不能站立的鸡，可能就是弱鸡或病鸡。

（2）病理状态 鸡在病态时首先出现精神状态的变化，会出现精神兴奋、精神沉郁和嗜睡。

①**兴奋** 对外界轻微的刺激即表现强烈的反应，表现为惊群、乱飞、鸣叫。临床多由药物中毒、维生素缺乏等引起。

②**精神沉郁** 鸡群对外界刺激反应轻微，甚至没有任何反应，表现呆立、头颈卷缩、两眼半闭、行动呆滞等。临床上许多疾病均会引起精神沉郁，如雏鸡沙门氏菌感染、禽霍乱、传染性法氏囊病、新城疫、禽流感、传染性支气管炎、球虫病等。

③**嗜睡** 重度的萎靡、闭眼似睡、站立不动或卧地不起，给以强烈刺激才有轻微反应甚至无反应。常见于许多疾病后期，往往预后不良。

2. 观察鸡群采食状况

病理状态主要是采食量过低。发现这种现象，提示饲养者注意以下可能存在的问题。

（1）雏鸡质量问题 雏鸡有沙门氏菌（鸡白痢）、大肠杆菌等病菌感染。

（2）饲养管理问题 育雏温度过低或波动太大，鸡舍湿度过大。温度过低易造成鸡群受凉，湿度过大易造成鸡白痢、球虫病，同时温差过大还会造成腹水综合征（俗称"大肚子病"），均会影响采食。

（3）饲料问题 饲料原料污染霉菌是一个较普遍而又不易解决的问题。其危害主要有两方面：一方面，霉菌毒素导致肝脏、肾脏、胰腺变性坏死，肌胃角质膜糜烂，腺胃、肠黏膜损伤，肠道菌群失调，消化不良、腹泻；另一方面，造成鸡体免疫抑制，继发感染其他疾病，特别是新城疫、大肠杆菌病等。

（4）**饮水问题** 饮水不洁，水温过低，供水或水位不足等，均会导致鸡群采食量下降，消化不良、腹泻。

（5）**用药不当** 许多药物（如痢菌净、喹诺酮类药物）早期用量过大，对胃肠道会造成一定的危害，轻者排料粪，重者胃溃疡，直接影响采食量。

（6）**疾病原因** 肠毒综合征、病毒性疾病（如 H9 型禽流感、新城疫等）、腺胃炎等疾病，都会出现鸡群采食量过低或长时间采食量维持在同一水平而不增料的现象。

（7）**应激反应** 雏鸡早期饲养过程中存在许多应激因素，如接雏、扩群、免疫、换料、密度过大等，应激反应会导致胃肠功能障碍、菌群失调。

3. 观察鸡群粪便变化

（1）**正常粪便** 鸡一般有 3 种类型的粪便。

①**小肠粪** 正常的小肠粪呈逗号状或海螺状，表面有裂纹，干燥（图 1-14）。

②**盲肠粪** 早晨鸡排泄黏糊、湿润、有光泽的盲肠粪，颜色由焦糖色到巧克力褐色（图 1-15）。

图 1-14 正常的小肠粪便呈逗号状

图 1-15 盲肠粪

③**尿酸盐类** 不同于哺乳动物，鸡没有膀胱，所以不排尿，但是可以把尿液转变为尿酸结晶，沉积在粪便表面形成一层白色附着。

（2）粪便正常变化

①**温度对粪便的影响** 因鸡的粪道和尿道相连于泄殖腔，粪尿同时排出，鸡又无汗腺，体表覆盖大量羽毛。因此，当舍温增高时，排尿增多，粪便会变得相对比较稀，特别是夏季会出现水样腹泻；温度偏低，粪便变稠。

②**饲料原料对鸡粪便的影响** 若饲料中加入饼粕类（如菜籽粕）等会使粪便发黑；若饲料加入白玉米和小麦会使粪便颜色变浅。

③**药物对粪便影响** 若饲料中加入腐殖酸钠、某些抗生素及化学药剂会使粪便变黑。

（3）粪便异常变化

①**粪便颜色变化**

粪便发白：粪便稀而发白如石灰水样，泄殖腔下羽毛被尿酸盐污染呈石灰水渣样，可考虑传染性法氏囊病、肾型传染性支气管炎、雏鸡白痢、钙磷比例不当、维生素 D 缺乏、痛风等。

鱼肠样、西瓜瓤样粪便：粪便内带有黏液，似番茄酱色，多见于小肠球虫、出血性肠炎或肠毒综合征。

发热性鸡病的恢复期多排出绿色稀薄粪便。

②**粪便性质变化**

水样稀便：粪便呈水样，临床多见于食盐中毒、卡他性肠炎。

粪便中有大量未消化的饲料：粪酸臭，多见于消化不良、肠毒综合征。

粪便中带有大量脱落上皮组织和黏液：粪便腥臭，临床多见于坏死性肠炎、禽流感、热应激等。

③**粪便异物**　粪便中带有线虫，临床多见于线虫病（图1-16）。

粪便异常提示鸡发病原因见表1-1。

图1-16　粪便中带有线虫

表1-1　异常粪便提示鸡发病原因

粪便表现	可能发病原因
均质稀薄	小肠功能失调
水串状尿酸盐，粪便呈块状	病毒感染（如传染性法氏囊病、肾型传染性支气管炎）
可见未消化的成分（料粪）	消化功能较差
橙红色，黏稠串状	鸡长时间没有采食，或感染小肠球虫
带血	感染球虫
深绿色	食欲不振或严重急性腹泻，导致鸡粪表面有胆汁盐
黄色稀薄盲肠粪，有气体生成	小肠功能失调或饲喂不当
白色水样	感染引起的肾病或采食不当

4. 观察鸡群生长发育及生产性能

主要观察鸡群生长速度、发育情况及均匀度。若鸡群生长速度正常，则发育良好，整齐度基本一致。突然发病，多见于急性传染病或中毒性疾病；鸡群发育差，生长慢，整齐度差，临床多见于慢性消耗性疾病、营养缺乏症或抵抗力差而继发其他疾病。

（三）个体检查

1. 呼吸系统观察

呼吸道疾病的早期症状相同，通过这些症状不能判断疾病的轻重，需要通过与呼吸道疾病相关的其他症状如声音来判断疾病的严重性（表1-2）。

表1-2　呼吸道声音提示疾病

声音类型	其他表现	可能原因
无异常呼吸音，张口呼吸	呼吸道有少量黏液或炎性液体	发热；鸡舍内温度过高；肺部真菌感染；疼痛
异常呼吸音	少量炎性液体轻微刺激黏膜，眼眶潮湿	鸡舍环境不良，氨气浓度高，湿度低；免疫疫苗后的反应；病毒感染
喷嚏	上呼吸道黏膜受刺激，同时眼部发炎	病毒或细菌感染；免疫疫苗后的反应
发出"嘎嘎"声	鼻腔和气管上部的黏膜受刺激，同时有大量的黏液	鸡舍环境不良导致大肠杆菌感染；如果症状突然则为传染性支气管炎或新城疫
张口呼吸、尖叫	呼吸道炎症有黏稠的黏液	患禽流感、新城疫、传染性支气管炎、传染性喉气管炎与大肠杆菌混合感染

当人进入鸡舍时拍手或大声吹口哨，鸡还是原地不动，可听到较弱的嘎嘎声和咳嗽声。

如果怀疑呼吸道感染，可抓一只鸡听诊其胸部呼吸，检查是否有异常的呼吸（鸡个体水平）。

病理状态下的呼吸系统异常常有如下表现。

张嘴伸颈呼吸：表现呼吸困难，多由呼吸道狭窄引起，临床多见传染性喉气管炎后期、白喉型鸡痘、支气管炎后期；小鸡出现张嘴伸颈呼吸多见肺型白痢或霉菌感染。热应激时也会出现张嘴呼吸，应注意区别。

甩黏液血条：在走道、笼具、食槽等处发现有带黏液血条，临床多见喉气管炎。

甩鼻音：听诊时听到鸡群有甩鼻音，临床多见传染性鼻炎、支原体感染等。

怪叫音：当鸡只喉头部气管内有异物时会发出怪音，临床多见传染性喉气管炎、白喉型鸡痘、球虫病等。

检查鼻腔时用左手固定鸡的头部，先看两鼻腔周围是否清洁，然后用右手拇指和食指挤压两鼻孔，观察鼻孔有无鼻液或异物。

有些呼吸道病还会从鼻孔流出黏液；厚垫料饲养，有时可发现感冒的病鸡鼻孔上沾有稻壳。

2. 外观检查

正常鸡站立时挺拔。若鸡站立时呈蜷缩状，则体况不佳；一只脚站立时间较长，多见于肠炎、腺胃炎等疾病；跗关节着地，提示发生腿病（如钙缺乏）。鸡群中间有靠边站的单只"站岗鸡"（图1-17），说明鸡群里有大肠杆菌感染。

羽毛湿润污秽，可能提示垫料过于潮湿。

鸡群里打盹的鸡，看

图1-17 "站岗鸡"

上去缩头缩脑，反应迟钝，不愿走动，闭目呆立，眼睛无神，尾巴下垂，行动迟缓，一旦发生疫病，这种类型的鸡将是第一批受害者。

体况良好的鸡，鸡冠直立、肉髯鲜红。鸡冠向一边倒垂、发白，常见于内脏器官出血、寄生虫病、营养不良或慢性病的后期等情况；鸡冠发绀，常见于慢性疾病、禽霍乱、传染性喉气管炎等；鸡冠发黑发紫，应考虑鸡新城疫、鸡霍乱、鸡盲肠肝炎、中毒等；肉髯水肿，多见于慢性霍乱和传染性鼻炎，传染性鼻炎一般两侧肉髯均肿大，慢性禽霍乱有时只有一侧肿大。

观察羽毛颜色和光泽，看是否丰满整洁，是否有过多的羽毛断折和脱落，是否有局部或全身的脱毛或无毛，肛门附近羽毛是否被粪便污染等。

两翅下垂，羽毛失去光泽，多为慢性营养不良的表现；羽毛倒竖，乍毛，一般为高热、寒战的表现；羽毛脱落、光秃，常见于维生素 A 缺乏、体表寄生虫性疾病。

皮肤上形成肿瘤，临床多见于皮肤型马立克氏病；皮肤上结痂，多见于皮肤型鸡痘；脐部愈合差，发黑，腹部较硬：多见沙门氏菌、大肠杆菌、葡萄球菌、绿脓杆菌感染引起的脐炎；皮下形成气肿：严重时呈气球样，临床多见外伤导致气囊破裂气体进入皮下引起。

观察脚垫，脚垫上出现红肿或有伤疤和结痂，是垫料太潮湿和有尖锐物的结果。健康的脚垫应该是平滑的，有光泽的鱼鳞状。如果鳞片干燥，说明有脱水问题。脚垫和脚趾应无外伤。

脚垫溃疡主要发生在肉鸡。在刚孵出的前 14 天，雏鸡脚部皮肤很薄，之后就会起茧。潮湿鸡舍中的尿酸和氨气会影响皮肤，使出现皲裂和炎症。

雏鸡期，潮湿的垫料会引起脚垫的严重发炎。但是如果在刚孵出的几周内雏鸡的脚垫是干燥和清洁的，即使之后垫料潮湿，鸡脚垫出现发炎的可能性也降低。笼养鸡，特别是新的鸡笼，锋利的铁丝会导致脚垫溃疡。

生长期，肉鸡的胸肉发育不完全，摸上去很有骨感，甚至龙骨非常突出。但是到了育肥期以后胸肉快速发育，变得丰满起来，同时腹部开始发育。如果育肥期龙骨上附着的肌肉仍不够丰满，意味着饲料中蛋白质不足，要注意调整饲料。

腹部容积变小，多见于采食量下降和产蛋鸡的停产；腹部容积变大，若蛋鸡腹部较大（图1-18），走路像企鹅，用手触摸有波动感，多见于早期感染传染性支气管炎、衣原体引起的输卵管不可逆病

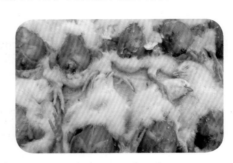

图1-18　腹　水

变，导致大量蛋黄或液体在输卵管内或腹腔内聚集；雏鸡腹部较大，用手触摸较硬，临床多由大肠杆菌病、沙门氏菌病或早期温度过低引起卵黄吸收差所致。

3. 运动检查

跛行是临床最常见的一种运动异常，临床表现为腿软、瘫痪、喜卧地等。观察跛行的鸡是对称性跛行还是不对称性跛行。不对称性跛行可能是因脚损伤，关节发炎，或者是感染马立克氏病。对称性跛行可能是由呼肠孤病毒诱导的腱鞘炎或骨痛引

起。如果一群青年鸡中的所有鸡都是同一只脚跛行，且这群鸡近期免疫过马立克氏病的疫苗，则跛行可能是由免疫不当造成的。

运动失调是由呼肠孤病毒感染而诱导的腱鞘炎引起。

青年鸡一腿伸向前，一腿伸向后，形成劈叉姿势或两翅下垂，多见神经型马立克氏病（图1-19）。

病鸡头部扭曲，在受惊吓后表现更为明显，临床多见于新城疫后遗症（图1-20，图1-21）。

雏鸡偏瘫，有时，头部出现震颤，多见于禽脑脊髓炎（图1-22）。

禽类呼吸困难时往往表现呈犬坐姿势，头部高抬，张口呼吸，跗部着地。雏鸡多见于曲霉菌感染、肺型白痢，成鸡多见于喉气管炎、白喉型鸡痘等。

图1-19 神经型马立克氏病：劈叉姿势

图1-20 新城疫导致雏鸡扭颈

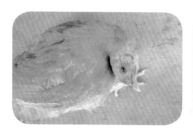

图1-21 新城疫导致成鸡扭颈

图1-22 禽脑脊髓炎

四、鸡尸体剖检技术

（一）剖检准备

1. 剖检地点

养鸡场应建立专门的尸体剖检室。

2. 剖检用具

对于鸡的尸体剖检，一般情况下，有剪子、镊子即可工作。根据需要还可准备骨剪，手术刀、标本缸、广口瓶、福尔马林等，其他的如工作服、胶靴、围裙、橡胶手套、肥皂、毛巾、桶、盆、消毒剂等，根据条件准备。

（二）剖检程序

鸡的尸体剖检程序包括：了解死鸡一般状况、外部检查和内部剖检。

1. 了解死鸡一般状况

除知道鸡的品种、性别和日龄外，还要了解鸡群的饲养管理、饲料、产蛋、免疫、用药、发病经过、临床表现、死亡率等情况。

2. 外部检查

（1）查看全身羽毛的状况，是否有光泽，有无污染、蓬乱、脱毛等现象。

（2）查看泄殖腔周围的羽毛有无粪便沾污，有无脱肛、血便。

（3）查看营养状况和尸体变化（尸冷、尸僵、尸体腐败），皮肤有无肿胀和外伤。

（4）查看关节及脚趾有无肿胀或其他异常，骨骼有无增粗和骨折。

（5）查看冠和髯的颜色、厚度，有无痘疹，脸部颜色及有无肿胀。

（6）查看口腔和鼻腔有无分泌物及其性状，两眼的分泌物及虹彩的颜色。

3. 内部剖检

剖检前，用水或消毒液将尸体表面及羽毛浸湿，防止剖检时有绒毛和尘埃飞扬。

（1）皮下检查　使鸡尸体仰卧（即背位），用力掰开两腿，使髋关节脱位，固定鸡的尸体（图1-23）。

图1-23　固定鸡的尸体

用手术剪剪开腿腹之间的皮肤（图1-24），两腿向后反压，直至关节轮和腿肌暴露出来。观察腿肌是否有出血等现象（图1-25）。

图1-24　暴露关节轮和腿肌

图1-25　观察腿肌是否出血

在胸骨嵴部纵行切开皮肤（图1-26），然后向前、后延伸，剪开颈、胸、腹部皮肤，剥离皮肤，暴露颈、胸、腹和腿部肌肉，观察皮下脂肪含量，皮下血管状况，有无出血和水肿；观察胸肌的丰满程度、颜色，胸部和腿部肌肉有无出血和坏死，龙骨是否弯曲和变形（图1-27）。

图1-26 在胸骨嵴部纵行切开皮肤

图1-27 观察胸肌、腿肌、龙骨

检查颈椎两侧的胸腺大小及颜色，有无出血和坏死；检查嗉囊是否充盈食物，内容物的数量及性状（图1-28）。

（2）内脏检查 在后腹部，将腹壁横行切开（或剪开）（图1-29）顺

图1-28 检察胸腺

切口的两侧分别向前剪断胸肋骨，乌喙骨和锁骨，掀除胸骨、暴露体腔。注意观察各脏器的位置、颜色，浆膜的情况（是否

光滑、有无渗出物及其性状，血管分布状况），体腔内有无液体及其性状，各脏器之间有无粘连。

检查胸、腹气囊是否增厚、浑浊、有无渗出物及其性状，气囊内有无干酪样团块，团块上有无霉菌菌丝（图1-30）。

图1-29　横行切开腹壁　　　　图1-30　检查胸、腹气囊

检查肝脏大小、颜色、质度、边缘是否钝，形状有无异常，表面有无出血点、出血斑、坏死点或大小不等的圆形坏死灶（图1-31）。

在肝门处剪断血管，再剪断胆管、肝与心包囊、气囊之间的联系，取出肝脏。纵行切开肝脏，检查肝脏切面及血管情况，肝脏有无变性、坏死点及肿瘤结节。检查胆囊大小，胆汁的多少、颜色、黏稠度及胆囊黏膜的状况。

在腺胃和肌胃交界处的右方找到脾脏。检查脾脏的大小、颜色，表面有无出血点和坏死点，有无肿瘤结节。剪断脾动脉，取出脾脏，将其切开，检查淋巴滤泡及脾髓状况（图1-32）。

图 1-31　检查肝脏

图 1-32　检查脾脏

在心脏的后方剪断食道（图 1-33），向后牵拉腺胃，剪断肌胃与背部的联系，再顺序地剪断肠道与肠系膜的联系，在泄殖腔的前端剪断直肠，取出腺胃、肌胃和肠道（图 1-34）。检查肠系膜是否光滑，有无肿瘤结节。

图 1-33　剪断食道

图 1-34　取出腺胃、肌胃和肠管

剪开腺胃（图 1-35），检查内容物的性状，黏膜及腺胃乳头有无充血和出血，胃壁是否增厚，有无肿瘤。

观察肌胃浆膜上有无出血，肌胃的硬度，然后从大弯部切开（图 1-36），检查内容物及角质膜的情况。

图 1-35　剪开腺胃

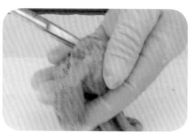

图 1-36　剪开肌腺

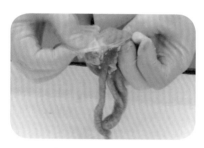

图 1-37　撕去角质膜

图 1-38　胰腺表面现灰白色坏死
　　　　　点，边缘出血

撕去角质膜（图 1-37），检查角质膜下的情况，看有无出血和溃疡。

查看夹在十二指肠中间的胰腺的色泽，有无坏死、出血。温和型禽流感胰腺表面出现灰白色坏死点，胰腺边缘出血（图 1-38）。

从前向后，依次检查十二指肠、空肠、回肠、盲肠和直肠，观察各段肠管有无充气和扩张，浆膜血管是否明显，浆膜上有无出血、结节或肿瘤。然后沿肠系膜附着部纵行剪开肠道（图 1-39），检查各段肠内容物的性状，黏膜有无出血和溃疡，肠壁是否增厚，肠壁上的淋巴结和盲肠起始部的盲肠扁桃体是否肿胀，有无出血、坏死，盲肠腔中有无出血或土黄色干酪样的栓塞物，横向切开栓塞物，观察其断面情况。

将直肠从泄殖腔拉出，在其背侧可看到法氏囊，剪去与其相连的组织，摘取法氏囊。检查法氏囊的大小，观察其表面有无出血（图1-40），然后剪开法氏囊检查黏膜是否肿胀，有无出血，皱襞是否明显，有无渗出物及其性状。

图1-39 切开小肠

图1-40 法氏囊肿大出血

纵行剪开心包囊，检查心囊液的性状，心包膜是否增厚和浑浊；观察心脏外形，纵轴和横轴的比例，心外膜是否光滑，有无出血、渗出物、尿酸盐沉积、结节和肿瘤，随后将进出心脏的动、静脉剪断，取出心脏，检查心冠脂肪有无出血点，心肌有无出血和坏死点（图1-41）。

剖开左右两心室，注意心肌断面的颜色和质度，观察心内膜有无出血（图1-42）。

图1-41 检查心脏

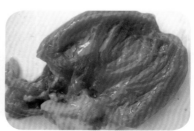

图1-42 剖开左右两心室

从肋骨间挖出肺脏（图1-43），检查肺的颜色和质度，有无出血、水肿、炎症、实变、坏死、结节和肿瘤。

检查肾脏的颜色、质度，有无出血和花斑状条纹，肾脏和输尿管有无尿酸盐沉积。肾型传染性支气管炎可导致肾脏肿大，花斑肾，输尿管内大量尿酸盐沉积（图1-44）。

图1-43　从肋骨间挖出肺脏

图1-44　肾脏肿大，花斑肾，输尿管内尿酸盐沉积

（3）口腔及颈部器官的检查　在两鼻孔上方横向剪断鼻腔，检查鼻腔和鼻甲骨，压挤两侧鼻孔，观察鼻腔分泌物及其性状（图1-45）。

图1-45　检查鼻腔和鼻甲骨

剪开一侧口角，观察后鼻孔、腭裂及喉头，黏膜有无出血，有无伪膜、痘斑，有无分泌物堵塞（图1-46）。

剪开喉头、气管和食道，检查黏膜的颜色（图1-47），有无充血和出血，有无伪膜和痘斑，管腔内有无渗出物、黏液及渗出物的性状。

图 1-46　检查后鼻孔、腭裂及喉头　　　　图 1-47　检查黏膜

（4）脑部检查　切开顶部皮肤，剥离皮肤，露出颅骨，用剪刀在两侧眼眶后缘之间剪断额骨，再从两侧剪开顶骨至枕骨大孔，掀去脑盖，暴露大脑、丘脑及小脑（图 1-48）。观察脑膜有无充血、出血，脑组织是否软化等（图 1-49）。

图 1-48　掀去脑盖　　　　　　　　图 1-49　观察脑膜

五、药敏试验

由于长期使用抗生素，使耐药菌株越来越多，抗生素防治的难度越来越大。为了及时有效控制该病，须对致病菌进行药敏试验，以便选用高敏感药物，避免盲目滥用抗生素。下面以大肠杆菌药敏试验为例介绍一下药敏试验的一般操作程序。

（一）药敏纸片准备

可以直接购买使用生化用品厂家生产的药敏纸片，也可以按有关资料介绍的方法自制（图1-50）。

（二）培养基制备

按使用说明用普通营养琼脂粉制作普通营养琼脂平板（图1-51）。

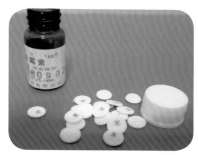

图1-50 药敏纸片

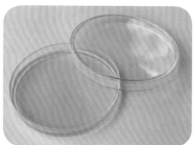

图1-51 营养琼脂平板

（三）试验方法

对病死鸡进行剖检，发现有肝周炎、心包炎、气囊炎等符合大肠杆菌病典型病变特征的病例，即可无菌采取肝、脾、心等置于灭菌容器内备用。采集病料时要注意采取多份典型病料。用灭菌接种环多次取病料内部组织，反复划线接种于营养琼脂平板。如病料较多时，每一个平板可重复接种2~3份病料。划线时要纵横交错划满整个平皿，并特别注意不要划破培养基。接种完后用灭菌镊子夹取药敏试纸小心帖附在培养基上，各纸片应相距 15 毫米左右。置 37℃恒温箱培养 24 小时后观察结果。

（四）结果判定

药敏纸片周围 20 毫米如无细菌生长，说明试验菌株对该抗生素极敏，20～15 毫米为高敏，15～10 毫米为中敏，小于 10 毫米为低敏，无抑菌圈为不敏感。如一个平皿接种多份病料，长出的细菌可能不止一种细菌、一种菌株，对药物的敏感性可能不一致，如有的纸片周围抑菌圈内有较稀疏的菌落生长，说明该抗生素对某些菌株不敏感（图 1-52）。

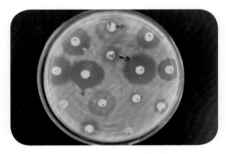

图 1-52　药敏试验结果

药敏试验结果出来后，可选用对各菌株普遍敏感的抗生素对发病鸡群进行及时治疗，以便尽快控制病情。如需做进一步研究，可继续对分离出的细菌进行详细实验室诊断，以便确定是细菌种类、菌型、致病性等。

第二章　常见病毒病

一、新城疫

【流行特点】

新城疫是由新城疫病毒（副黏病毒）引起的一种急性败血性、高度接触性传染病。主要特征是呼吸困难，下痢，并伴有神经症状、黏膜和浆膜出血。

本病主要侵害鸡和火鸡，其他禽类如鹌鹑和野禽也能感染。病鸡、死鸡和带毒鸡是主要传染源，某些鸟类可传播此病。病鸡从口鼻分泌物和粪便排出病毒。疫病流行过后的带毒鸡呈慢性经过，是造成鸡新城疫反复发作并流行的原因之一。主要通过呼吸道和消化道感染，鸡蛋也可带毒。野禽、外寄生虫、人畜均可机械传播病原。病鸡的分泌物及排泄物、血液、肉、内脏、羽毛和消化道内容物等均含有病原。本病传染不分年龄、品种、性别，但实践中发现来航鸡比本地鸡敏感，老龄鸡敏感性低。

本病一年四季均可发生，但以春、秋、冬季多发。鸡舍

32

通风不良氨气浓度高，温度忽高忽低，饲养密度过大，易发生本病。

新城疫在一个鸡群流行时，刚开始多数鸡处于潜伏期。以后的 4~6 天内，病死率会直线上升，且多表现为急性型。

目前，由于广泛使用疫苗，我国规模化肉鸡场多表现为非典型性新城疫，散发，并常以混合感染出现。病鸡群出现亚临床症状或非典型症状，主要表现为呼吸道和神经症状。

【临床症状】

潜伏期一般为 3~5 天。根据病毒毒力的强弱和病程的长短，可分为最急性、急性、亚急性或慢性 3 种类型。

最急性型病鸡常常没有任何症状就突然死亡。

急性型病鸡体温升高，采食减少或停食。精神不好，离群呆立，缩颈闭眼，鸡冠、肉髯呈紫红色或紫黑色，呼吸困难，伸脖张口，甩头，发出"咕咕"声或"咯咯"声，有时打喷嚏。倒提鸡时从口内流出大量酸臭液体。嗉囊内充满液体或气体，腹泻，有时带血。病鸡一般在 1~2 天或 3~5 天内死亡。

亚急性或慢性型多由急性转来，病鸡初期症状同急性型，表现为明显的呼吸道症状，病程稍长的则出现神经症状，跛行，一肢或两肢瘫痪。两翅下垂，转圈，后退，头后仰或向一侧扭曲。病程 10 天左右，少数病鸡可自愈。

肉鸡典型新城疫临床症状主要表现如下。

全身症状：精神沉郁，体温升高，闭眼似睡，翅膀下垂，羽毛逆立（乍毛），缩颈呆立，反应迟钝（图 2-1）。

呼吸系统症状：呼吸困难，有呼噜声，张口伸颈呼吸，咳嗽，甩鼻，喷嚏，怪叫，气管啰音（图2-2）。

图2-1　精神委顿、乍毛

图2-2　张口伸颈呼吸

神经系统症状：扭颈、仰颈、勾头，常呈仰头观星状姿势，翅膀下垂，跛行甚至瘫痪（图2-3，图2-4）。

图2-3　扭颈

图2-4　观星状姿势

图2-5　绿色稀粪沾污肛门

消化系统症状：食欲减退甚至废绝，先少饮后减少或不饮，倒提病死鸡，可从口中流出酸臭液体。腹泻，排黄绿色稀粪，沾污肛门或羽毛（图2-5）。

【病理变化】

嗉囊积液。腺胃肿大，腺胃乳头肿胀、出血、溃疡；腺胃与食道、腺胃与肌胃交界处出血和溃疡（图2-6）。十二指肠及小肠黏膜有出血和溃疡，肠道腺体肿大出血，有的形成枣核状坏死。泄殖腔黏膜出血（图2-7）。强毒新城疫引起的十二指肠"U"形袢出血（图2-8）。极易导致腹膜炎。小肠淋巴滤泡多处肿胀出血（图2-9）。盲肠扁桃体肿大、出血和溃疡（图2-10）。喉头、气管、支气管上段黏膜充血、水肿出血，气管内有黏液，根据病程长短可出现浆液性、黏液性、脓性、干酪样分泌物（图2-11）。

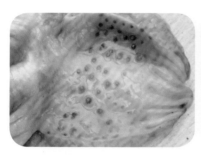

图2-6 腺胃乳头、肌胃腺胃交界处出血

图2-7 泄殖腔黏膜出血

图2-8 十二指肠"U"形袢出血

图2-9 小肠淋巴滤泡肿胀出血

35

图 2-10　盲肠扁桃体肿大、　　　图 2-11　气管出血，有黄色
　　　　出血、溃疡　　　　　　　　　　干酪样物

【预　防】

要坚持预防为主的原则。

（1）做好消毒灭源工作，切断病毒入侵途径。

（2）对病鸡、疑似病鸡实施隔离措施。

（3）制订科学的免疫程序。下列免疫程序仅供参考：

对于雏鸡应视其母源抗体水平高低来确定首免日龄，一般应在母源抗体水平低于 1∶16 时进行首免，确定二免、三免日龄时也应在鸡群血凝抑制（HI）抗体效价衰减到 1∶16 时进行才能获得满意的效果。

在一般的疫区，可以采用下列免疫程序：7 日龄用新城疫Ⅳ系 + H120 点眼、滴鼻，每只 1 羽份，同时注射新城疫 - 传染性支气管炎二联油苗每只 1 羽份；23 日龄用新城疫Ⅳ系或克隆 30 做 3 倍稀释饮水；33 日龄用克隆 30 或新城疫Ⅳ系做 4 倍稀释饮水。

在新城疫污染严重的地区，1 日龄用新城疫 - 传染性支气管炎二联弱毒疫苗喷雾或滴鼻、点眼；8 ~ 10 日龄用新城疫弱毒疫苗饮水，新城疫油苗规定剂量颈部皮下注射；14 日龄用传染性法氏囊弱毒疫苗饮水；20～25 日龄用新城疫弱毒疫苗饮水。

有条件的鸡场，最好能根据对鸡群抗体监测的结果，确定鸡群免疫的最佳时间。

【治 疗】

鸡场一旦发生新城疫，做到早确诊、早处理。严格执行封锁、隔离、消毒、扑杀病鸡和紧急预防接种等综合措施迅速扑灭疫情。

（1）快速确诊。非典型性新城疫仅凭临床症状难以确诊。对疑似发病鸡群应尽早综合多种方法确诊。

（2）紧急免疫接种。对 30 日龄内肉鸡用新城疫Ⅳ系疫苗或克隆 30 进行紧急免疫接种，最好采用点眼、滴鼻免疫。紧急接种时，首先接种假定健康鸡群，再接种可疑鸡群，最后接种病鸡群。

（3）30 日龄后的肉鸡群可考虑出栏。

（4）标本兼治，控制病情。大多数肉鸡发生典型新城疫时，可紧急注射高免血清或蛋黄液；也可用干扰素治疗；聚肌胞、黄芪多糖等清热解毒中药，对本病有一定控制作用。如为非典型新城疫，可用弱毒疫苗加倍饮水。使用抗生素可防止继发感染，但尽量少用或不用，改用抗病毒中药，如清瘟败毒散、双黄连、银翘散、桑菊饮等。

二、低致病性禽流感

【流行特点】

禽流感是由 A 型流感病毒引起的禽类的一种急性、热性、高度接触性传染病。该病对肉鸡生产危害大，且人禽共患，被世界动物卫生组织列入 A 类传染病，我国将此病列入一类传染病。

禽流感病毒属于正黏病毒科、流感病毒属的成员。流感病毒有 A、B、C 3 个血清型，禽流感病毒属于 A 型。根据流感病毒的血凝素（HA）和神经氨酸酶（NA）抗原的差异，将其分为不同的亚型。目前，A 型流感病毒的血凝素已发现 15 种，神经氨酸酶 9 种，分别是 H1 ~ H15、N1 ~ N9，所有的禽流感病毒都是 A 型。鸡病临床上最常见的是 H5N1、H9N2 亚型。

该病感染率高，传播范围广，速度快。一年四季均会发病，但在每年的 10 月到翌年 5 月多发。肉鸡发病日龄多在 25 日前后。气候突变、冷刺激，饲料中营养物质缺乏均能促进本病发生。主要通过呼吸道和消化道感染，发病率和死亡率与毒力有关。

【临床症状】

该病因地域、季节、品种、日龄、病毒的毒力不同而表现出症状不同、轻重不一的临床变化。

病鸡精神不振，或闭眼沉郁，体温升高。发热严重病鸡将头插入翅内或双腿之间，反应迟钝（图 2-12）。排黄白色带有大量泡沫的稀便或黄绿色粪便，有时肛门处被淡绿色或白色粪便污染（图 2-13）。呼吸困难，打呼噜，呼噜声如蛙鸣，此起彼伏或遍布整个鸡群，有的鸡发出尖叫声，甩鼻，流泪，肿眼或肿头，肿头严重鸡如猫头鹰状。下颌肿胀（图 2-14）。鸡冠和肉髯发绀、肿胀，面部无毛部位发紫。病鸡或死鸡全身皮肤发紫或发红（图 2-15）。继发大肠杆菌病或气囊炎后，会造成较高的致死率。

图 2-12 精神沉郁，扎堆

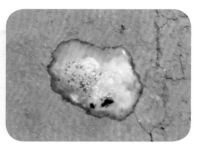

图 2-13 排出带有大量黏液的黄绿色粪便

图 2-14 下颌肿胀、发硬

图 2-15 头部肿胀，全身发紫

【病理变化】

胫部鳞片出血（图 2-16）。肺脏淤血坏死，气管环状出血，气管内有黄色干酪样物并形成栓塞（图 2-17，图 2-18，图 2-19）。肾脏肿大，紫红色，花斑样（图 2-20）。皮下出血。头部皮下胶冻样浸润（图 2-21）；有时可见颈部皮下、大腿内侧皮下、腹部皮下脂肪等处有针尖状或点状出血。腺胃、肌胃出血。腺胃肿胀，腺胃乳头水肿、出血。肌胃角质层易剥离，角质层下往往有出血斑。肌胃与腺胃交界处常呈带状或环状出血（图 2-22，图 2-23）。心肌变性，心内、外膜出血，

图 2-16　胫部鳞片下出血

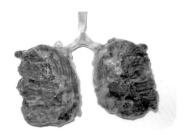

图 2-17　肺脏淤血坏死

图 2-18　气管环状出血

图 2-19　气管内有黄色干酪样物

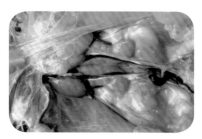

图 2-20　肾脏充血、肿胀，花斑肾

图 2-21　头部皮下胶冻样浸润

心冠脂肪出血（图 2-24，图 2-25，图 2-26）。肠臌气，肠壁变薄，肠黏膜脱落（图 2-27）。胰脏边缘出血或坏死，有时肿胀呈链条状（图 2-28，图 2-29，图 2-30，图 2-31）。

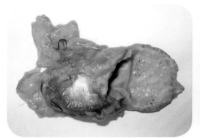

图 2-22 腺胃乳头出血

图 2-23 腺胃乳头水肿

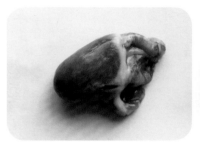

图 2-24 心肌变性、坏死

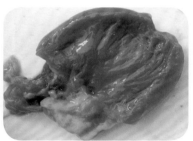

图 2-25 心内膜出血

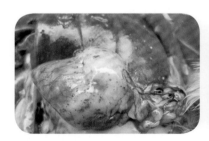

图 2-26 心冠脂肪出血

图 2-27 肠黏膜脱落

这是禽流感的特征性病理变化。脾脏肿大，有灰白色坏死灶（图 2-32）。胸腺萎缩、出血（图 2-33）。继发肝周炎、气囊炎、心包炎。

图 2-28　胰腺出血样坏死

图 2-29　胰腺透明状坏死

图 2-30　胰腺边缘出血

图 2-31　胰腺灰白色坏死

图 2-32　脾脏肿大，有灰白色坏
　　　　死灶

图 2-33　胸腺萎缩、出血

【预　防】

（1）使用当地毒株免疫。新区域发生首例 H9 型禽流感要坚决扑杀，扩散后可不必扑杀。同时增加 1～3 日龄 H9 免疫

0.2 毫升 / 只（当地毒株）。在多发日龄前，连用 5 天抗病毒中药。鸡发病后可注射 0.5 毫升 / 只 H9 抗体加抗生素。

免疫要根据不同品种、不同地区的流行趋势，使用相应亚单位分支的单价或多价疫苗，可获得较好的防控效果。冬季肉鸡免疫程序（表 2-1）如下，供参考。

表 2-1　冬季肉鸡免疫程序

日　龄	疫　　苗	剂　量	免疫方式
1 日龄	威力克（马力克氏病 – 传染性法氏囊病）	1 头份	颈部皮下注射
	新城疫 – 传染性法氏囊病二联苗	1 头份	喷雾
	禽流感（H9 型）– 新疫城二联苗	0.2 毫升（浓缩苗）	颈部皮下注射
9 日龄	禽流感（H9 型）– 新疫城二联苗或禽流感（H5 型）– 新疫城二联苗	0.5 毫升	颈部皮下注射（非疫区 H5 可省去）
	新城疫 – 传染性法氏囊病二联苗	1 头份	点眼或喷雾
24 日龄	新城疫Ⅳ系（Lasota 株）	2 头份	饮水或喷雾

也可以参考以下免疫程序（非疫区 H5 可省去）。

10 日龄以内：用 H9N2 亚型和 H5N1 亚型禽流感疫苗，每只各 0.3 毫升，分别皮下注射。

25 日龄：用 H9N2 亚型和 H5N1 亚型禽流感疫苗，每只各 0.5 毫升，分别皮下注射。

120 日龄（肉种鸡）：用 H9N2 亚型和 H5N1 亚型禽流感疫

苗，每只各 0.5 毫升，分别皮下注射；或二联禽流感疫苗，每只 0.5 毫升，皮下注射；3 个月后加强免疫 1 次。

肉鸡场要加强对禽流感的抗体检测，根据检测的结果制定本场的免疫程序，或对虽经免疫但抗体水平较低的肉鸡群进行紧急补免。

（2）保护呼吸道黏膜，建立保护屏障。可使用蜂胶感清喷雾。

（3）保护消化道，禁用霉变饲料，饲料中适当添加防霉剂和脱霉剂。

（4）降低免疫空白期的危险。肉鸡25～30日龄是免疫空白期。

（5）加强通风，重视保温。

〔治　疗〕

本病尚无有效治疗方法。

（1）严格执行疾病零汇报制度，一旦发现有支气管堵塞现象，要立即上报。

（2）及时收集病料送检有关单位。有条件的单位可第一时间将病料或分离毒株进行测序鉴定，并进行分子流行病学分析。

（3）入冬前要储备防疫物资，如蛋黄液（卵黄囊抗体）、相应疫苗等。

三、传染性支气管炎

〔流行特点〕

肉鸡传染性支气管炎是由冠状病毒引起的肉鸡的一种急性、高度接触性呼吸道疾病。

传染性支气管炎病毒为冠状病毒科、冠状病毒属成员。传染源主要是病鸡和康复后带毒鸡，康复鸡可带毒35天。传播途径主要通过空气（飞沫）经呼吸道传播，也可通过污染的饲料、饮水和器具等间接地经消化道传播。

该病只感染鸡，不同年龄、品种鸡均易感。本病传播迅速，一旦感染，可很快波及全群。一年四季均可发病，但以每年的3~5月份和9~11月份为高发期。环境因素不良对本病影响大。

该病病毒有多种血清型，肉鸡多见肾型、呼吸道型、腺胃型。

【临床症状与病理变化】

1. 肾型传染性支气管炎

多发于2~4周龄鸡。精神沉郁，羽毛不整，畏寒怕冷，伸颈呼吸（图2-34）。下痢，排石灰水样白色稀粪（图2-35）。腿部干燥，无光泽，脚爪干瘪，脱水（图2-36）。

图2-34 伸颈呼吸

图2-35 水样下痢，有大量尿酸盐

图2-36 腿部干燥无光，脚爪干瘪

45

肌肉脱水、干瘪、弹性差（图 2-37）。肾肿，色泽不均，有白色尿酸盐沉积"花斑肾"，输尿管内积大量尿酸盐结晶（图 2-38）。

图 2-37　肌肉脱水、干瘪、弹性差　　　图 2-38　肾肿，花斑肾

2. 呼吸道型传染性支气管炎

该型传播快。因潜伏期短（36 小时），并通过飞沫感染，一般 1 ~ 3 天波及全群。病鸡流鼻液、流泪、咳嗽、打喷嚏、呼吸困难、常伸颈张口呼吸。发病轻时白天难以听到，夜间安静时，可以听到伴随呼吸发出的喘鸣声。

鼻腔和鼻窦内有浆液性、卡他性渗出物或干酪样物质，气管和支气管内有浆液性或纤维素性渗出物；气管环出血；气管内形成栓塞（图 2-39）。气囊浑浊，并覆有黄白色干酪样物（图 2-40）。

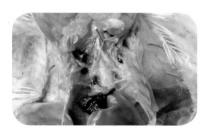 

图 2-39　气管内黄色栓塞　　　图 2-40　气囊浑浊，覆有黄白色干
　　　　　　　　　　　　　　　　　　　酪样物

3. 腺胃型传染性支气管炎

病鸡采食量下降，精神差，羽毛蓬乱，呆立；发病鸡高度消瘦，发育整齐度差；排白绿色稀便。

腺胃肿大，质地坚硬（图2-41）。腺胃壁增厚，剪开则外翻。腺胃乳头肿大、突起，中间凹陷，周边出血，轻压有大量褐色分泌物（图2-42）。

图2-41 腺胃肿大、坚硬

图2-42 腺胃壁增厚，剪开外翻，腺胃乳头肿大、突起

【防 治】

1. 肾型传染性支气管炎

（1）预防 加强饲养管理，严格消毒，加强通风。用28/86弱毒苗饮水或肾型传染性支气管炎油苗注射，1日龄、15日龄各免疫1次；或用灭活苗于10日龄、21日龄各免疫1次。

（2）治疗 ①降低饲料蛋白，可临时把颗粒全价料改为玉米糁，并补充维生素A。②减少尿酸盐生成，加速排出，可在饮水中加入嘌呤醇、丙磺舒或碳酸氢钠等。中药五苓散通肾效果很好。③抗病毒。用干扰素或抗病毒中药饮水。

中药治疗，方剂如下。

方1：湿寒证。黄芪90克，当归70克，党参90克，苍术80克，干姜70克，白前60克，桑白皮120克，茯苓70克，车前草90克，金银花100克，甘草60克，板蓝根90克，浙贝80克，萹蓄80克。按每只成鸡每日1.5～2克，开水煎服，连续煎熬3次，药汁混合后，集中一次饮水。连用5天。

方2：热邪内侵证。金银花120克，枇杷草100克，黄柏90克，黄芩80克，浙贝80克，桑白皮100克，甘草70克，茯苓90克，车前草110克，麻黄90克，桂枝90克，黄芪95克，党参75克，陈皮90克，白术70克。按每只成鸡每日2克，开水煎服，连续煎熬2～3次，药汁集中一次饮水，连用4～6天。

2. 呼吸型传染性支气管炎

（1）预防 加强饲养管理，降低饲养密度，加强通风，严格消毒。用传染性支气管炎（H120）弱毒苗，7～10日龄滴鼻免疫，必要时于20～30日龄用传染性支气管炎（H52）弱毒苗二免。

（2）治疗 以抑菌消毒，止咳平喘，对症治疗，防止继发感染为原则，合理用药治疗。可用中药治疗，方剂如下。

方1：清热解毒，化痰止咳。蜂窝草600克，黄葵600克，穿心莲500克，三叉苦（三桠苦）500克，除根用全草。切碎，加水20升，煮沸后再煎20分钟，取其药汁（1 000只鸡一次用量）备用。药汁用时再按1:4加水稀释。每天早上给药1次，于饮水器中让鸡自由饮服，连用3天为一个疗程。

方2：止咳平喘，燥湿化痰。柴胡、荆芥、半夏、茯苓、甘草、贝母、桔梗、杏仁、玄参、赤芍、厚朴、陈皮各 30 克，细辛 6 克。将上药制成粗粉，过筛，混匀。将药粉加沸水焖半小时，取其上清液，加适量水供饮用。药渣拌料喂服。剂量按每千克体重每日 1 克生药计算。也可直接拌料（不用沸水处理）。

方 3：清热化痰，止咳平喘。麻黄 300 克，大青叶 300 克，石膏 250 克，制半夏 200 克，连翘 200 克，黄连 200 克，金银花 200 克，蒲公英 150 克，黄芩 150 克，杏仁 150 克，麦冬 150 克，桑白皮 150 克，菊花 100 克，桔梗 100 克，甘草 50 克。该方为 5 000 只雏鸡一日用量。水煎取汁，加适量水自由饮用，连用 3 ~ 5 日。亦可制成粉末，平均每只雏鸡每天 0.5 ~ 0.6 克，开水浸后，拌料饲喂。

方 4：金银花 120 克，麻黄 100 克，桂枝 80 克，射干 90 克，白花蛇舌草 80 克，黄芩 100 克，知母 80 克，栝楼 90 克，生石膏 150 克，茯苓 70 克，陈皮 90 克，枳壳 60 克，大青叶 90 克，石苇 80 克，白矾 70 克，甘草 60 克。按每只成鸡每日 1.5 克，开水煎熬，连续煎熬 2 次，药汁下午集中一次饮水，连用 5 天。

3. 腺胃型传染性支气管炎

（1）**预防**　用腺胃型传染性支气管炎油苗注射，加强饲养管理，严防使用霉变饲料。

（2）**治疗**　抑制病毒复制，健胃消炎；用干扰素、抗病毒中药饮水，健胃散拌料；个别严重病鸡用酵母片、食母生等拌料治疗。

中药治疗：穿心莲 45 克，黄连 30 克，沉香 30 克，黄芩

45 克，黄柏 40 克，麻黄 30 克，柴胡 50 克，甘草 40 克，大青叶 45 克，板蓝根 45 克，连翘 30 克，玄参 30 克。该方为 500 只鸡 / 天用量。共研为末，加适量水熬开晾凉，1% 拌料喂服，连用 5 天。

四、传染性法氏囊炎

肉鸡传染性法氏囊炎是由传染性法氏囊病毒引起的主要危害幼龄鸡的一种急性、接触性、免疫抑制性传染病。该病除可引起易感鸡死亡外，早期感染还可引起严重的免疫抑制。

[流行特点]

主要发生于 2 ~ 11 周龄鸡，3 ~ 6 周龄最易感。感染率可达 100%，死亡率常因发病年龄、有无继发感染而有较大变化，多在 5% ~ 40%。因病毒对一般消毒药和外界环境抵抗力强大，污染鸡场难以净化，有时同一鸡群可反复多次感染。

目前，本病流行特点发生了许多变化。主要表现在以下几点。

（1）发病日龄明显变宽，病程延长。

（2）临床可见传染性法氏囊炎最早可发生于 1 日龄幼雏。

（3）宿主群范围拓宽。鸭、鹅、麻雀均成为病毒的自然宿主，而且鸭表现出明显的临床症状。

（4）免疫鸡群仍然发病。该病免疫失败现象越来越常见，在我国肉鸡养殖密集区出现鸡群在 21 ~ 27 日龄二免后几天内暴发疫情的现象。

（5）出现变异毒株和超强毒株。临床和剖检特征与经典毒株存在差异，传统疫苗不能提供足够的保护力。

（6）并发症、继发症明显增多，间接损失增大。常见新城疫、支原体、大肠杆菌、曲霉菌等并发感染，致使死亡率明显升高，高者可达80%以上，有的鸡群不得不全群淘汰。

【临床症状】

潜伏期2~3天。易感鸡群感染后突然大批发病，采食量急剧下降，翅膀下垂，羽毛蓬乱，怕冷，在热源处扎堆。饮水增多，腹泻，排米汤样稀白粪便或白色、黄色、绿色水样稀便（图2-43），肛门周围羽毛被粪便污染，恢复期常排绿色粪便。发病后期如继发鸡新城疫或大肠杆菌病，可使死亡率升高。耐过鸡贫血，消瘦，生长缓慢。

图2-43　排米汤样稀白粪便

【病理变化】

病死鸡脱水，皮下干燥，胸肌和两腿外侧肌肉条纹状或刷状出血（图2-44）。法氏囊黄色胶冻样渗出、浑浊，严重者呈紫葡萄样外观；剖开法氏囊，囊内皱褶出血（图2-45~图2-47）。肾脏肿胀，花斑肾，肾小管和输尿管有白色尿酸盐沉积（图2-48）。

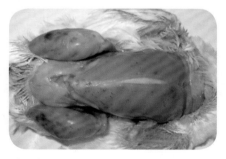

图2-44　胸肌和腿肌条纹状或刷状出血

图 2-45　法氏囊内部黄色胶冻样
　　　　渗出物

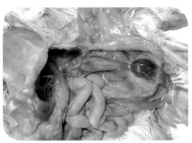

图 2-46　法氏囊肿大、出血，呈紫
　　　　葡萄样

图 2-47　剖开的法氏囊皱褶出血

图 2-48　肾脏肿胀，花斑肾，
　　　　有尿酸盐沉积

【预　防】

（1）疫苗免疫是控制传染性法氏囊炎最经济有效的措施。按照毒力大小，传染性法氏囊炎疫苗可分为三类。一是温和型疫苗，如 D78、LKT、LZD228、PBG98 等，这类苗对法氏囊基本无损害，但接种后抗体产生慢，抗体效价低，对强毒感染保护力差；二是中等毒力的活苗，如 B87、BJ836、细胞苗 IBD-B2 等，这类疫苗在接种后对法氏囊有轻度损伤，接种 72 小时后可产生免疫活力，持续 10 天左右消失，不会造成免疫干扰，对强毒的保护力较高；三是中等偏强型疫苗，如 MB 株、

J-I 株、2512 毒株、288E 等，对雏鸡有一定的致病力和免疫抑制力，在传染性法氏囊炎重污染地区可以使用。

肉鸡免疫一般采取 14 日龄冻干苗滴口，28 日龄冻干苗饮水。在容易发病的地区，14 日龄免疫最好采用进口疫苗，每只鸡 1 羽份滴口，或 2 羽份饮水。饲养至 50 ~ 55 日龄出栏的，如果 28 日龄还要免疫，可采用饮水法免疫，但用量要加倍。

（2）落实各项生物安全措施，严格消毒。进雏前对鸡舍、用具、设备进行彻底清扫、冲洗，然后使用碘制剂或甲醛高锰酸钾熏蒸消毒。进雏后坚持使用 1∶600 倍聚维酮碘溶液带鸡消毒，隔日 1 次。

【治 疗】

对发病鸡群要及早治疗。

制作卵黄抗体的抗原最好来自本鸡场，每只鸡肌内注射 1 毫升。

中药治疗：蒲公英 200 克，大青叶 200 克，板蓝根 200 克，双花 100 克，黄芩 100 克，黄柏 100 克，藿香 50 克，生石膏 50 克，甘草 100 克。水煎 2 次，合并药汁得 3 000 ~ 5 000 毫升，为 300 ~ 500 羽鸡 1 天用量，每日 1 剂，每鸡每天 5 ~ 10 毫升，分 4 次灌服，连用 3 ~ 4 天。如能配合补肾、通肾的药物，可促进机体尽快恢复。使用敏感的抗生素，防止继发大肠杆菌病等细菌病。

五、鸡 痘

鸡痘是由鸡痘病毒引起的一种接触性传染病，以体表无毛、少毛处皮肤出现痘疹，或上呼吸道、口腔和食管黏膜纤维素性坏死形成假膜为特征的一种接触性传染病。该病严重影响肉鸡产品质量，危害较大。

【流行特点】

各种年龄的鸡均可感染，但主要发生于幼鸡。主要通过皮肤或黏膜的伤口感染而发病。吸血昆虫，特别是蚊虫（库蚊、伊蚊和按蚊）对本病起着传播病原的重要作用。

一年四季均可发生，但以秋季和冬季多见。秋季和初冬多见皮肤型，冬季多见黏膜型。

蚊子吸取过病鸡的血液，之后即带毒长达 10 ~ 30 天，其间易感染的鸡就会通过蚊子的叮咬而感染。鸡群有啄羽恶癖，造成外伤，鸡群密度大，鸡舍通风不良、阴暗潮湿，营养不良，均可成为本病的诱发因素。没有免疫或免疫失败鸡群高发。

【临床症状与病理变化】

根据症状和病变以及病毒侵害鸡体部位的不同，分为皮肤型、黏膜型、混合型三种类型。开始以个体皮肤型出现，发病缓慢，一般不被养殖户重视，接着出现眼流泪，个别鸡只呼吸困难，喉头出现黄色假膜，造成鸡只窒息死亡。

1. 皮肤型鸡痘

图 2-49　鸡冠、肉髯、嘴角等处的痘疹

特征是在鸡体表面无毛或少毛处，如鸡冠、肉髯、嘴角、眼睑、耳球、腿脚、泄殖腔和翅的内侧等部位形成特殊的痘疹（图 2-49）。痘疹开始为细小的灰白色小点，随后迅

54

速增大，形成如豌豆大黄色或棕褐色的结节。

一般无明显的全身症状，对鸡的精神、食欲无大影响。但感染严重的体质衰弱者，则表现出精神萎靡、食欲不振、体重减轻、生长受阻现象。

皮肤型鸡痘一般很难见到明显的病理变化。

2. 黏膜型鸡痘

也称白喉型鸡痘。痘疹主要出现在口腔、咽喉、气管、眼结膜等处的黏膜上，痘痂堵塞喉头，往往使鸡窒息死亡（图2-50）。

病鸡精神委顿、厌食，眼和鼻孔流出液体。2～3天后，口腔和咽喉等处的黏膜

图2-50 喉头上出现痘斑堵塞喉头

发生痘疹，初呈圆形的黄色斑点，逐渐形成一层黄白色的假膜，覆盖在黏膜上面。吞咽和呼吸受到影响，发出"嘎嘎"的声音，痂块脱落时破碎的小块痂皮掉进喉和气管，形成栓塞，造成病鸡呼吸困难，甚至窒息死亡。

3. 混合型鸡痘

病鸡皮肤和口腔、咽喉同时受到侵害，发生痘斑。病情严重，死亡率高。

【预 防】

预防鸡痘最有效的方法是接种鸡痘疫苗。

夏秋流行季节，建议于5～10日龄接种鸡痘鹌鹑化弱毒冻干疫苗，用生理盐水200倍稀释，摇匀后用消毒刺种针或笔尖

蘸取，在鸡翅膀内侧无血管处进行皮下刺种，每只鸡刺种一下。刺种后 3~4 天，抽查 10% 的鸡作为样本，检查刺种部位，如果样本中有 80% 以上的鸡在刺种部位出现痘肿，说明刺种成功；否则应查找原因并及时补种。

平时注意清除鸡舍周围的杂草，填平臭水沟和污水池，并经常喷洒杀蚊蝇剂，消灭和减少蚊蝇等吸血昆虫危害，改善饲养环境。

【治　疗】

发病后，皮肤型鸡痘可以用镊子剥离痘痂，然后用碘甘油或龙胆紫涂抹。黏膜型可以用镊子小心剥掉假膜后喷入消炎药物，或用碘甘油或蛋白银溶液涂抹。眼内可用双氧水消毒后滴入氯霉素眼药水。

大群用中药抗病毒，抗菌消炎，控制继发感染。饲料中添加维生素 A 有利于本病的恢复。

方 1：金银花、连翘、板蓝根、赤芍、葛根各 20 克，蝉蜕、甘草、竹叶、桔梗各 10 克，为 100 只鸡 1 天用量，水煎取汁，用药液拌料喂服或饮服，连服 3 日，对皮肤与黏膜混合型鸡痘疗效显著。

方 2：板蓝根 75 克，麦冬、生地、丹皮、连翘、莱菔子各 50 克，知母 25 克，甘草 15 克，为 500 只鸡 1 天用量，水煎取汁 1 000 毫升，以药液拌料或灌服，对黏膜型鸡痘治疗效果好。

六、包涵体肝炎

肉鸡包涵体肝炎是由禽腺病毒引起的一种急性传染病，临床上以病鸡死亡突然增多，肝脏出血，严重贫血，黄疸，肌肉出血和死亡率突然增高，在肝细胞中形成核内包涵体为特征。

【流行特点】

本病主要感染鸡、鹌鹑、火鸡，多发于 3～15 周龄的鸡，其中以 3～9 周龄的肉鸡最常见，最早的见于 4～10 日龄肉鸡。

本病可通过鸡蛋传递病毒，也可经粪便排出病毒。接触病鸡和污染的鸡舍可感染，感染后如果继发大肠杆菌病或梭菌病，则死亡率增高。本病的发生往往与其他诱发条件如传染性法氏囊病有关。以春夏两季发生较多，病愈鸡能获终身免疫。

本病发病率不高，大部分呈零星发病。

【临床症状】

肉鸡发病迅速，常突然出现死鸡。病鸡体温升高，精神委顿，食欲减少，排白绿色稀粪，嗜睡，羽毛蓬乱，屈腿蹲立，减料不明显。病鸡有明显的肝炎和贫血症状。

【病理变化】

肝肿大、土黄或苍白、肥厚、褪色，呈淡褐色或黄褐色，严重的似煮熟的鸡蛋黄，质脆易碎，表面和切面上有点状或斑状出血，并有胆汁淤积的斑纹（图 2-51～图 2-53）。中后期，肝脏表面有密集的小出血点和出血斑（图 2-54）。病鸡表现明显贫血，胸肌苍白（图 2-55）。

图 2-51　肝肿大，土黄色

图 2-52　肝肿大，呈淡褐色或黄褐色

图 2-53　肝肿大，有胆汁淤积的斑纹

图 2-54　肝肿大，表面有出血斑

图 2-55　贫血，胸肌苍白

【预　防】

注意卫生管理，预防其他传染病尤其是传染性法氏囊病的混合感染。发生过本病的鸡场，在饲料中加入复合维生素和微量元素。

【治　疗】

目前尚无有效疫苗和治疗方法。发病期间，电解多维、维生素 C、鱼肝油、维生素 K_3 全程应用，氟苯尼考、头孢菌素交替应用，黄芪多糖和保肝护肾的中药联合使用，可防止继发、并发症。经验证明，甘草、绿豆按 1:5 比例熬水，供病鸡自由饮用，有较好的治疗效果。

七、病毒性关节炎

【流行特点】

肉鸡病毒性关节炎是由呼肠孤病毒引起的肉鸡的传染病，又名腱滑膜炎。本病的特征是胫跗关节滑膜炎、腱鞘炎等，可造成鸡淘汰率增加、生长受阻，饲料报酬低。

本病仅见于鸡，可通过种蛋垂直传播。多数鸡呈隐性经过，急性感染时，可见病鸡跛行，部分鸡生长停滞；慢性病例，跛行明显，甚至跗关节僵硬，不能活动。有的患鸡关节肿胀、跛行不明显，但可见腓肠肌或趾屈肌肌腱部肿胀，甚至腓肠肌肌腱断裂，并伴有皮下出血，呈现典型的蹒跚步态。死亡率虽然不高，但出现运动障碍，生长缓慢，饲料报酬低，胴体品质下降，淘汰率高，严重影响肉鸡经济效益。

【临床症状】

病鸡食欲不振，消瘦，不愿走动，跛行（图2-56）；腓肠肌肌腱断裂后，腿变形，顽固性跛行，严重时瘫痪。

图2-56 跛 行

【病理变化】

肉鸡趾屈腱及伸腱发生水肿性肿胀，腓肠肌肌腱粘连、出血、坏死或断裂。跗关节肿胀（图2-57）、充血或有点状出血，关节腔内有大量淡黄色、半透明渗出物（图2-58~图2-61）。慢性病例，可见腓肠肌肌腱明显增厚、硬化、断裂（图2-62）。出现结节状增生，关节硬固变形，表面皮肤呈褐色。腱鞘发炎、水肿。有时可见心外膜炎，肝、脾和心肌上有小的坏死灶。

图 2-57　跗关节肿胀

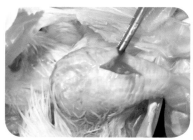

图 2-58　跗关节肿胀，关节腔内有渗出物

图 2-59　腱鞘发炎、水肿

图 2-60　腱鞘粘连

图 2-61　肌腱水肿、坏死

图 2-62　腓肠肌肌腱断裂

【预　防】

（1）加强饲养管理。预防主要依靠综合性防疫措施。鸡场应采用全进全出的饲养方式，不从有疫情的鸡场引进鸡雏和种蛋。病种鸡应坚决淘汰。发病鸡群即使疫情已停止，也应全部淘汰，不做种用。病鸡舍应进行彻底清扫、消毒，可用含有机碘的爱迪伏，用量为 3～9 毫升／立方米，用水稀释 20～40 倍后喷雾消毒；或用含氯消毒剂如次氯酸钠、威岛牌消毒剂等喷雾消毒后关闭门窗 2～4 周方可再进鸡。

（2）免疫接种。对易感鸡群应进行疫苗免疫接种。目前应用的疫苗有弱毒苗和灭活苗 2 种。种鸡群的免疫程序是：1～7日龄和 4 周龄各接种 1 次弱毒苗，开产前接种 1 次灭活苗，减少垂直传播的概率。但应注意不要和马立克氏病疫苗同时免疫，以免产生干扰现象。

【治　疗】

目前对于发病鸡群尚无有效的治疗方法。可试用干扰素、白介苗抑制病毒复制，用抗生素防止继发感染。

八、淋巴细胞白血病

鸡白血病是由一群具有共同特性的病毒（RNA 黏液病毒群）引起的鸡的慢性肿瘤性疾病的总称，淋巴细胞性白血病是在其中最常见的一种。

【流行特点】

该病病毒主要存在于病鸡血液、羽毛囊、泄殖腔、蛋清、胚胎以及雏鸡粪便中。该病毒对理化因素抵抗力差，对各种消毒药均敏感。

本病的潜伏期很长，呈慢性经过，雏鸡时感染，至成鸡时病发。一般6月龄以上的鸡才出现明显的临床症状和死亡。主要通过种蛋垂直传播，也可水平传播。感染率高，但临床发病者很少，多呈散发。

【临床症状】

病鸡冠与肉髯变成苍白色，皱缩。精神不振，食欲减退，进行性消瘦，体重减轻。下痢，排绿色粪便，常见腹部膨大，手按压可触到肿大的肝脏。病鸡最后衰竭死亡。渐进性发病、死亡和低死亡率是其临床特点之一。

【病理变化】

肝脏肿大，可延伸到耻骨前缘，充满整个腹腔，俗称"大肝病"。肝质地脆弱，并有大理石样斑纹，表面有弥漫性肿瘤结节（图2-63~图2-65）。脾脏肿胀，似乒乓球，表面有弥散性灰白色坏死灶（图2-66）。

【预　防】

目前尚无有效治疗方法。病鸡没有治疗价值，应该着重做好疫病预防工作。

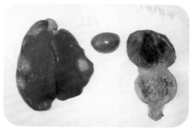

图2-63　肝脏、脾脏、腺胃肿大，腺胃黏膜出血

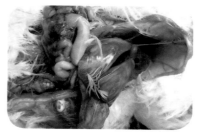

图2-64　肝脏上蚕豆大肿瘤

图 2-65　肝脏肿大、质脆，有灰白　　图 2-66　脾脏肿大，有灰白色坏
　　　　　色肿瘤病灶　　　　　　　　　　　　死灶

（1）鸡群中的病鸡和可疑病鸡，必须经常检出淘汰。

（2）淋巴性白血病可以通过种蛋传播，种蛋和种鸡必须从无白血病鸡场引进。孵化用具要彻底消毒。种鸡群如发病，所产蛋不可再作种蛋。

（3）幼鸡对淋巴性白血病的易感性最高，必须与成年鸡隔离饲养。

（4）通过严格的隔离、检疫和消毒措施，逐步建立无淋巴性白血病的种鸡群。

九、安卡拉病

安卡拉病即心包积液综合征，是一种由血清 4 型腺病毒引起鸡的以心包积液、肝脏炎症坏死为特征的一种新型传染病。其特征是病鸡无明显先兆而突然倒地，沉郁，羽毛成束，排黄色稀粪，两腿划空，数分钟内死亡。

【流行特点】

该病多发生于 40 日龄左右的鸡群，最早 37 日龄，以 42 ~ 43 日龄发病率高，发病情况严重。35 天前的鸡群无发病记录。

潜伏期短，发病急，发病之后迅速波及全群。可垂直传播和水平传播。易与传染性法氏囊和传染性贫血病并发。发育良好的鸡群发病严重，45日龄以上鸡群发病轻，恢复快，损失小。发病率高，群体发病率100%，个体平均发病率30%，严重的鸡群发病率高于80%。死亡率高，平均死亡率10%，极少数严重的鸡群死亡率高达60%。鸡群恢复之后有病情反复现象。

〔临床症状〕

大约于5周龄时，在看上去明显健康的肉鸡群中突然发生，以至鸡在临死前仍很活泼，毫无病态。死鸡就是该病存在的信号。

病鸡不愿活动，采食量下降，羽毛蓬乱，鸡冠苍白，呼吸困难，排泄黄绿色稀粪。

发病鸡群多于5周龄开始死亡，6周龄达到高峰。病程通常10~14天。病鸡对热应激高度敏感。该病扩散能力强，易在鸡群和鸡场间传播。康复鸡群对再感染有免疫力。

〔病理变化〕

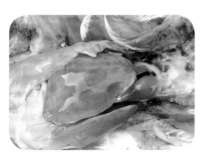

图2-67　心包积液，肝脏变性

心包积液，心脏肿大、松软。肝脏肿大、苍白、变性、质脆，出现灰白色坏死灶（图2-67）。肺脏水肿。盲肠、扁桃体肿胀，有的肠道淋巴结肿胀突起。部分病鸡肾脏肿大，肺脏充血并出现灰白色渗出物。

〔防　治〕

（1）制备卵黄抗体和抗血清肌注发病鸡可以制止本病的

蔓延。

（2）抗病毒。发病之初可以使用干扰素抑制病毒复制，同时使用清瘟败毒散、黄连解毒散、小柴胡等以抗瘟祛邪，扶正解毒，祛风除湿，清热凉血，疏肝和胃，补益肝气，提高机体免疫力，增强抗病力，促进康复。

（3）保肝护肾。使用葡萄糖、维生素 C、葡萄糖醛内脂、龙胆泻肝汤、五苓散等对本病有一定的辅助治疗作用。

（4）强心利尿。使用牛磺酸、樟脑磺酸钠、安钠咖强心，使用呋塞米等利尿药缓解心包积液、肝肾水肿，同时可另外加用 ATP、肌苷、辅酶 A 等补充能量。

（5）轻开肺气、健脾益肾、利水消肿、扶正固本。使用四君子汤、五苓散为基础方搭配。

（6）加强饲养管理，减少诱因，降低发病损失。

第三章　常见细菌病

一、大肠杆菌病

【流行特点】

本病是由大肠杆菌的某些致病性血清型引起的疾病的总称。多呈继发或并发。由于大肠杆菌血清型众多，且容易产生耐药性，因此治疗难度比较大，发病率和死亡率高。

大肠杆菌是肉鸡肠道中的正常菌群，平时由于肠道内有益菌和有害菌保持动态平衡状态，因此，一般不发病。但当环境条件改变，遇到较大应激或病毒病发作时，容易继发或并发。肉鸡大肠杆菌病很少单一发生，多与新城疫、肾型传染性支气管炎、传染性法氏囊病等病毒病混合感染，给治疗带来了一定的难度。

本病可通过消化道、呼吸道、污染的种蛋等途径传播，不分年龄、季节，均可发生。

【临床症状与病理变化】

病鸡精神不振，常呆立一侧，羽毛松乱，两翅下垂，食欲减少，冠发紫，排白色、黄绿粪便（图 3-1）。当大肠杆菌和其他病原（如支原体、传染性支气管炎病毒等）混合感染时，病鸡多有明显的气囊炎（图 3-2）。临床表现呼吸困难、咳嗽。剖检时体腔有恶臭味儿。气囊浑浊、增厚，有干酪物。心包炎，心包积液，有炎性分

图 3-1 白色稀粪污染泄殖腔周围羽毛

泌物。肝周炎，肝肿大，有白色纤维素状渗出。有的头部皮下有胶冻状渗出物。腹膜炎，雏鸡有卵黄收缩不良、卵黄性腹膜炎等变化。中大鸡发病有的还表现为腹水综合征（图 3-3~ 图 3-7）。

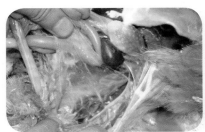

图 3-2 气 囊 炎

图 3-3 心包炎、肝周炎

图 3-4 腹 膜 炎

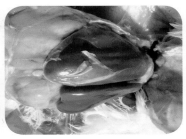

图 3-5 肝脏表面形成包膜

图 3-6　卵黄性腹膜炎　　　　图 3-7　腹 水 征

有些情况下，肉鸡大肠杆菌病还表现以下不同类型：

全眼球炎：表现为肿头肿脸，眼睑封闭，外观肿大，眼内蓄积多量脓性或干酪样物质（图 3-8）。眼角膜变成白色不透明，表面有黄色米粒大的坏死灶。内脏器官多无变化。

大肠杆菌性肉芽肿：病鸡的小肠、盲肠、肠系膜及肝脏、心脏等表面形成典型的肉芽肿（图 3-9），外观与结核结节及马立克氏病相似。

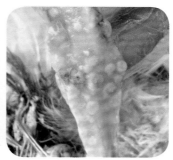

图 3-8　肿头肿脸　　　　图 3-9　大肠杆菌肉芽肿

【预　防】

（1）选择质量好、健康的鸡苗，这是保证后期大肠杆菌病少发的基础。

（2）大肠杆菌是条件性致病菌，所以良好的饲养管理是保证该病少发的关键。要保证合适的温度、湿度做好通风换气、粪便处理。

（3）适当药物预防。药物的选择可根据鸡只的不同日龄多咨询专业兽医的建议进行选择，且不可滥用。

〔治　疗〕

（1）确定鸡群发生的大肠杆菌病是原发病还是继发病，是单一感染还是和其他疾病混合感染，这是成功治疗本病的关键。

（2）由于大肠杆菌易产生耐药性，应通过细菌培养和药敏试验选择高敏药物进行防治。

（3）增加维生素的添加剂量，提高机体抵抗力。

（4）改善鸡舍条件，提高饲养管理水平。

二、沙门氏菌病

〔流行特点〕

该病是由沙门氏菌属引起的一组传染病，主要包括鸡白痢、鸡伤寒和鸡副伤寒。

沙门氏菌属是一大属血清学相关的革兰氏阴性杆菌，共有3000多个血清型。禽沙门氏菌病依据其病原体血清型不同可分为5种类型。由鸡白痢沙门氏菌所引起的称为鸡白痢，由鸡伤寒沙门氏菌引起的称为禽伤寒，而其他有鞭毛能运动的沙门氏菌所引起的禽类疾病则统称为禽副伤寒。诱发禽副伤寒的沙门氏菌能广泛地感染各种动物和人类。因此，该菌在公共卫生上也有重要意义。

1. 鸡白痢

该型是雏鸡的一种急性、败血性传染病。2周龄以内的雏鸡发病率和死亡率都很高，成年鸡多呈慢性经过，症状不典型，但带菌种鸡可通过种蛋垂直传播给雏鸡，还可通过粪便水平传播。如果种蛋带菌，雏鸡出壳1周内就可发病死亡，对育雏成活率影响极大。育成期虽有感染，但一般无明显临床症状。种鸡场一旦被污染，很难根除。

感染种蛋一般在孵化后期或出雏器中可见到已死亡的胚胎和垂死的弱雏。

2. 禽伤寒

该型主要发生于育成鸡和产蛋鸡。4~20周龄的青年鸡，特别是8~16周龄最易感。带菌鸡是本病的主要传染源。主要通过粪便传播，经眼结膜或其他介质机械传播，也可通过种蛋垂直传播给雏鸡。

3. 禽副伤寒

该型是由鼠伤寒、肠炎沙门氏菌等引起的疾病的总称。主要发生于4~5日龄的雏鸡，可引起大批死亡。以下痢、结膜炎和消瘦为特征。人吃了经污染的食物后易引起食物中毒，应引起重视。主要通过消化道和种蛋传播，也可通过呼吸道和皮肤伤口传染，一般多呈地方性流行。雏鸡多呈急性败血症经过，成年鸡多呈隐性感染。

【临床症状与病理变化】

1. 鸡白痢

早期急性死亡的雏鸡一般不表现明显的临床症状；3周龄

以内的雏鸡临床症状比较典型，表现精神委顿，衰弱，低头缩颈，羽毛蓬乱，呈昏睡状，饮水和采食量均下降，体温升高，寒战，扎堆，闭眼嗜睡等常规症状，但这些症状诊断意义不大。该病的典型临床表现是下痢，发病初期排含气泡的稀便，之后渐渐变为白色糊状或石灰浆状的稀粪，有时黏附在泄殖腔周围。因排便次数多，肛门常被黏糊封闭，进而造成排便困难，常称"糊肛"（图3-10）。后期可见雏鸡伴随排便尖叫。个别雏鸡还会出现关节肿大（图3-11），行走不便，呆立，严重的会出现瘫痪或劈叉。也有的病鸡会表现出头颈扭转（严重者可扭曲180°），歪头转圈以及喙向上、头朝下等神经症状。

图3-10　糊　肛

图3-11　病雏关节肿大

心肌变性，心肌上有黄白色、米粒大小的坏死结节或肉芽肿（图3-12）。病鸡瘦弱，肝脏上有密集的灰白色坏死点或坏死灶（图3-13）；肺脏淤血、肉变、出血坏死（图3-14）。脾脏肿

图3-12　心肌变性、肉芽肿

胀、出血、坏死（图3-15）。慢性鸡白痢引起盲肠肿大，形成肠芯（图3-16）。胰腺出现肉芽肿（图3-17）。卵黄吸收不全（图3-18）。

图3-13　肝脏表面灰白色坏死灶

图3-14　肺脏坏死性结节

图3-15　脾脏肿胀、出血、坏死

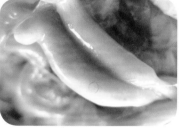

图3-16　盲肠肿大，形成肠芯

图3-17　胰脏和小肠外形成肉芽肿

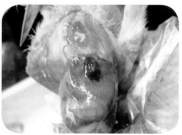

图3-18　卵黄吸收不全

2. 禽伤寒

病鸡精神差，贫血，冠和肉髯苍白皱缩，排黄绿色稀粪。雏鸡发病与鸡白痢基本相似。

肝肿大，呈浅绿、棕色或古铜色，质脆，胆囊充盈膨大（图3-19，图3-20）。肺淤血（图3-21）。肠道有卡他性炎症，肠黏膜有溃疡，以十二指肠较严重，内有绿色稀粪或黏液。雏鸡病变与鸡白痢基本相似。

图3-19　肝脏肿大，青铜肝

图3-20　肝脏表面布满坏死灶

图3-21　肺淤血

3. 禽副伤寒

（1）临床症状　病雏嗜睡，畏寒，严重水样下痢，泄殖腔周围有粪便沾污。

（2）病理变化　急性死亡的病雏鸡病理变化不明显。病程稍长或慢性经过的雏鸡表现出血性肠炎，肠道黏膜水肿局部充血和点状出血；肝肿大，青铜肝，有细小灰黄色坏死灶。

【预　防】

（1）雏鸡（开食时）可选用敏感的药物加入饲料或饮水中进行预防，防止早期感染。

（2）保证鸡群各个生长阶段、生长环节的清洁卫生，杀虫防鼠，防止粪便污染饲料、饮水、空气、环境等。

（3）商品肉鸡要实行全进全出、自繁自养的管理模式。

（4）加强育雏期的饲养管理，保证育雏温度、湿度和饲料的营养。

（5）在饲料中添加微生态制剂，利用生物竞争排斥的现象预防鸡白痢。常用的商品制剂有促菌生、强力益生素等，可按照说明书使用。

（6）使用本场分离的沙门氏菌制成油乳剂灭活苗，做免疫接种。

（7）种鸡场必须适时地进行检疫，时间以140日龄左右为宜，及时淘汰检出的所有阳性鸡。种蛋入孵前要熏蒸消毒，同时要做好孵化环境、孵化器、出雏器及所有用具的消毒。

【治　疗】

治疗的原则是：抗菌消炎，提高抗病能力。可选择敏感抗菌药物预防和治疗，防止扩散。

三、坏死性肠炎

【流行特点】

本病的病原为A型产气荚膜梭状芽孢杆菌，又称魏氏梭菌。在正常的动物肠道就有魏氏梭菌，它是多种动物肠道的寄居者，可随粪便排出，污染土壤、饮水、垫料、器具等。本病经常与小肠球虫病并发或继发，且一般的药物和常规剂量难以产生疗效。受各种应激因素的影响，如饲料中蛋白质含量的增加，肠黏膜损伤，口服抗生素，环境中魏氏梭菌的增多等，都可造成本病的发生与流行。以严重消化不良、生长发育停滞、排红褐色乃至黑褐色煤焦油样稀粪为特征。主要侵害 2～5 周龄地面平养的肉鸡，2 周龄以内的雏鸡也可发病。

本病显著的流行特点是，在同一区域或同一鸡群中反复发作，断断续续的出现病死鸡和淘汰鸡，病程持续时间长，可直至该鸡群上市。

【临床症状】

病鸡精神沉郁，闭眼嗜睡，食欲减退，腹泻，羽毛粗乱，生长发育受阻，排黑色、灰色稀便，有时混有血液。

【病理变化】

眼观病变仅限于小肠，特别是空肠和回肠，部分盲肠也可见病变。肠壁脆弱、扩张，充满气体，肠黏膜附着疏松或致密伪膜，伪膜外观呈黄色或绿色。肠壁浆膜层可见出血斑，有的毛细血管破裂呈紫红色。黏膜出血深达肌层，时有弥漫性出血并发生严重坏死（图 3-22～图 3-25）。

图 3-22　回肠中有未消化的饲料颗粒

图 3-23　肠壁变薄，肠腔胀气

图 3-24　空肠坏死、出血，呈紫红色　　图 3-25　肠黏膜附着致密伪膜

【预　防】

平时要搞好鸡舍卫生，及时清除鸡粪，加强通风换气，合理贮藏动物性蛋白质饲料，防止有害菌大量繁殖。建立严格的消毒制度。可用 0.5% 强力消毒灵或 0.01% 百毒杀做日常带鸡消毒，每周 1~2 次。

【治　疗】

选择敏感药物，如杆菌肽、青霉素、泰乐菌素等，全群饮水或混饲给药。因肠道梭菌易与鸡小肠球虫病混合感染，故一般在治疗过程中，要适当加入一些抗球虫药。

四、传染性鼻炎

鸡传染性鼻炎是由鸡嗜血杆菌引起的一种急性呼吸道传染病，多发生于阴冷潮湿季节。主要是通过健康鸡与病鸡接触或吸入了被病菌污染的飞沫而迅速传播，也可通过被污染的饲料、饮水经消化道传播。

【流行特点】

各种日龄的鸡群都易感副鸡嗜血杆菌，但雏鸡很少发生。在发病频繁的地区，发病趋于低日龄，多集中在 35~70 日龄。

一年四季都可发生，以秋冬、春初多发。可通过空气、飞沫、饲料、饮水传播，也可通过人员活动传播。一般潜伏期较短，仅 1~3 天。

【临床症状】

主要特征有喷嚏、发热、鼻腔流黏液性分泌物、流泪、结膜炎、颜面和眼周围肿胀和水肿。眼部经常可见卡他性结膜炎（图 3-26）。病鸡精神不振，食欲减少，病情严重者呼吸困难和啰音。

图 3-26　眼部肿胀、卡他性结膜炎

【病理变化】

鼻腔、窦黏膜和气管黏膜出现急性卡他性炎症，充血、肿胀、潮红，表面覆有大量黏液，窦内有渗出物凝块或干酪样坏死物（图 3-27）。

图 3-27　窦腔内渗出物凝块，干酪样坏死物

【预　防】

加强饲养管理，搞好卫生消毒，防止应激，搞好疫苗接种。根据本场实际情况选择适合的厂家的传染性鼻炎灭活疫苗，病情严重时可利用本场毒株制作自家苗进行预防。

【治　疗】

原则是抗菌消炎，清热通窍。磺胺类药物是首选。大环内酯类、链霉素、庆大霉素均有效。

五、鸡支原体病（慢性呼吸道病）

鸡支原体病又名慢性呼吸道病，曾称败血霉形体病。是由鸡毒支原体引起的肉鸡的一种接触性、慢性呼吸道传染病。其特征是上呼吸道及邻近的窦黏膜炎症，常蔓延到气囊、气管等部位。表现为咳嗽、鼻涕、气喘和呼吸杂音。

【流行特点】

本病的传播方式有水平传播和垂直传播。水平传播是病鸡通过咳嗽、喷嚏或排泄物污染空气，经呼吸道传染，也能通过饲料或水源由消化道传染，也可经交配传播。垂直传播是隐性或慢性感染的种鸡所产的带菌蛋导致 14～21 日龄的胚胎死亡或孵出弱雏，这种弱雏因携带病原体又能引起水平传播。

本病在鸡群中流行缓慢，仅在新疫区表现急性经过，当鸡群遇到其他病原体感染或寄生虫侵袭时，以及影响鸡体抵抗力降低的应激因素，如预防接种、卫生不良、鸡群过分拥挤、营养不良、气候突变等，均可促使或加剧本病的发生和流行。携带病原体的幼雏用气雾或滴鼻的途径免疫时，能诱使发病。若用携带病原体的鸡胚制作疫苗，则能造成疫苗的污染。本病易与大肠杆菌、传染性鼻炎、传染性支气管炎混合感染，从而导致气囊炎、肝周炎、心包炎，增加死亡率。若无病毒和细菌并发感染，死亡率较低。一年四季均可发生，但以寒冷的季节流行较严重。

【临床症状】

病鸡流稀薄或黏稠鼻液，打喷嚏，咳嗽，张口呼吸（图3-28），呼吸有气管啰音，夜间比白天听得更清楚，严重者，呼吸啰音很大，似青蛙叫。病鸡食欲不振，体重减轻消瘦。眼球受到压迫，发生萎缩和造成失明，可侵害一侧眼睛，也可能两侧同时发生。滑液囊支原体感染时，病鸡关节肿大，跛行甚至瘫痪。

图 3-28 精神沉郁，张口呼吸

【病理变化】

鼻腔、气管、支气管和气囊中有渗出物，眶下窦黏膜发炎，气管黏膜常增厚。鼻窦、眶下窦有卡他性炎症及黄色干酪样物（图 3-29）。肺脏出血性坏死（图 3-30）；气囊膜浑浊、增厚，气囊腔中含有大量泡沫状分泌物（图 3-31）。与大肠杆菌混感时，可见纤维素性腹膜炎、肝周炎、气囊炎（图 3-32，图 3-33）。气管栓塞，可见黄色干酪样栓塞（图 3-34）。支原体关节炎，关节肿大，尤其是跗关节，关节周围组织水肿（图 3-35）。

图 3-29 鼻窦、眶下窦卡他性炎症及黄色干酪样物

图 3-30 肺脏出血性坏死

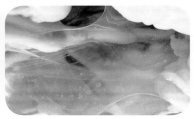

图 3-31 气囊泡沫状分泌物

图 3-32　纤维素性腹膜炎

图 3-33　气囊炎

图 3-34　气管内形成的黄色
　　　　栓塞

图 3-35　关节肿大

【预　防】

加强饲养管理，搞好卫生消毒。对种鸡群要定期进行血清学检查，淘汰阳性鸡。可接种疫苗（有弱毒苗和灭活苗，按说明书使用）免疫预防。

【治　疗】

强力霉素、泰乐菌素、链霉素、四环素、土霉素、红霉素、螺旋霉素、壮观霉素、卡那霉素、支原净等对鸡毒支原体都有效，但易产生耐药性。最好先做药敏试验，也可轮换或联合用药。

六、曲霉菌病

曲霉菌病又称霉菌性肺炎。烟曲霉菌菌落初长为白色致密绒毛状，菌落形成大量孢子后，其中心呈浅蓝绿色，表面呈深绿色、灰绿色甚至黑色丝绒状。

【流行特点】

曲霉菌病是平养肉鸡常见的一种真菌性疾病，由曲霉菌引起，常呈急性暴发和群发性发生。主要危害20日龄内雏鸡。多见于温暖多雨季节，因垫料、饲料发霉，或因雏鸡室通风不良而导致霉菌大量生长，雏鸡吸入大量霉菌孢子而感染发病。

一般来说肉鸡发生霉菌常常因为与霉变的垫料、饲料接触或吸入大量霉菌孢子而感染。饲料的霉变多为放置时间过长、吸潮或鸡吃食时饲料掉到垫料中所引起，垫料的霉变更多的是木糠、稻壳等未能充分晒干吸潮而致。

【临床症状】

20日龄内肉鸡多呈暴发，成鸡多散发。病鸡精神沉郁，嗜睡，两翅下垂，食欲减少或废绝，伸颈张口，呼吸困难，甩鼻，流鼻液，但无喘鸣声。个别鸡只出现麻痹、惊厥、颈部扭曲等神经症状。

【病理变化】

病变主要见于肺部和气囊，肺部见有曲霉菌菌落和粟粒至绿豆大黄白色或灰白色干酪样坏死结节，其质地较硬，切面可见有层状结构，中心为干酪样坏死组织（图3-36~图3-38）。严重时，肺部发炎。食管形成假膜（图3-39），肌胃角质层溃疡、糜烂（图3-40）。心包积液（图3-41）。

图 3-36　肺部形成的霉菌斑

图 3-37　肺部形成豆腐渣样坏死灶

图 3-38　肺部黄白色干酪样坏死结节

图 3-39　食管假膜

图 3-40　肌胃角质层溃疡、糜烂

图 3-41　心包积液

【预　防】

严禁使用霉变的米糠、稻草、稻壳等作垫料，防止使用发霉饲料。

暂存的饲料应该在一定的时间（一般7天）内让鸡群吃完，饲料要用木板架起放置防止吸潮。料桶要加上料罩防止饲料掉下；垫料要常清理，清除其中的饲料。

严格做好消毒卫生工作，可用0.4%过氧乙酸带鸡消毒。

〔治 疗〕

治疗前先全面清理霉变的垫料，停止使用发霉的饲料，用0.1%~0.2%硫酸铜溶液全面喷洒鸡舍，更换上新鲜干净的谷壳作垫料。饮水器、料桶等鸡接触过的用具全面清洗并用0.1%~0.2%硫酸铜溶液浸泡。0.2%硫酸铜溶液或0.2%龙胆紫饮水或0.5%~1%碘化钾溶液饮水，制霉菌素（每100只鸡50万单位）拌料，连用3天（每天1次），连用2~3个疗程，每个疗程间隔2天。注意控制并发或继发细菌病，如葡萄球菌病等，可使用阿莫西林饮水。

七、白色念珠菌感染

肉鸡白色念珠菌感染是由念珠菌引起的消化道真菌病，又叫消化道真菌病、鹅口疮或霉菌性口炎。

〔流行特点〕

本病的病原体是念珠菌属的白色念珠菌。随着病鸡的粪便和口腔分泌物排出体外，污染周围的环境、饲料和饮水；易感鸡摄入被污染的饲料和饮水而感染，消化道黏膜的损伤也有利于病原菌的侵入。本病也可以通过污染的蛋壳传播。恶劣的环境卫生及鸡群过分拥挤、饲养管理不良等，均可诱发本病。

本病多感染2月龄以内的鸡。

【临床症状】

雏鸡主要表现为生长不良、发育受阻、倦怠无神、羽毛松乱；采食量略降，饮水量增加，发病早期倒提时口中有酸臭黏液流出；嗉囊肿大，排绿色水样粪便。严重病例呼吸急促、下痢、脱水衰竭而死。

【病理变化】

嗉囊黏膜表面散布有薄层疏松的褐白色坏死物（假膜），并散布有白色、圆形隆起的溃疡灶，嗉囊内襞有白色絮状物，表面易剥脱（图3-42，图3-43）。肝脏表面有奶油状分泌物（图3-44）。心冠脂肪消失，心包液有大量白色尿酸盐沉积（图3-45）。

图3-42　嗉囊增厚，内附白色假膜　　图3-43　嗉囊内襞堆积絮状物

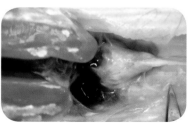

图3-44　肝脏表面奶油状分泌物　　图3-45　心包液有大量白色尿酸盐沉积

【预 防】

严禁使用霉变饲料与垫料，保持鸡舍清洁、干燥、通风。潮湿雨季，在鸡的饮水中加入 0.02% 结晶紫或在饲料中加入 0.1% 赤霉素，每周给药 2 次可有效预防本病。定期用 3% ~ 5% 来苏儿溶液对鸡舍、垫料进行消毒。

【治 疗】

初期治疗可选用硫酸铜，中后期治疗可使用制霉菌素等。每千克饲料中添加制霉菌素 50 ~ 100 毫克，连喂 7 天，同时饮水中加入硫酸铜，连饮 5 天，可减轻病情。

第四章 常见寄生虫病

一、球虫病

【流行特点】

球虫病是肉鸡生产中最常见的一种寄生性原虫病。感染鸡的球虫有7种，分别为柔嫩、毒害、巨型、堆型、布氏、和缓、早熟艾美耳球虫，以柔嫩和毒害艾美耳球虫致病力最强。由艾美耳属多种球虫寄生于鸡的肠上皮细胞内所引起。发病日龄多在3~6周龄。一年四季均可发生，4~9月为流行季节，特别是7~8月份最严重。鸡舍潮湿、拥挤、饲养卫生条件差更易发生。柔嫩艾美耳球虫的7天生活史包括2代或2代以上的无性繁殖和1代有性繁殖，从宿主排出的卵囊必须在孢子化（第7天）后才具有感染性。

【临床症状】

病鸡精神沉郁，羽毛松乱，两翅下垂，闭眼似睡，全身贫血，冠、髯、皮肤、肌肉颜色苍白（图4-1）。地面平养鸡发病早期偶尔排出带血粪便，并在短时间内采食加快，随着病情发展血粪增多。尾部羽毛被血液或暗红色粪便污染（图4-2）。笼养鸡、网上平养鸡，常感染小肠球虫，呈慢性经过，病鸡消瘦，间歇性下痢，羽毛松乱，闭眼缩做一团，采食量下降，排出未被完全消化的饲料粪（料粪），粪便中混有血色丝状物或肉芽状物，胡萝卜丝样物，或西瓜瓤样稀粪（图4-3~图4-6）。

图4-1　肌肉苍白，消瘦，贫血

图4-2　泄殖腔周围被血便污染

图4-3　幼鸡排血便，死亡率高

图4-4　料粪中带有血丝

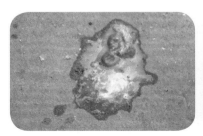

图4-5　胡萝卜丝样稀粪

图4-6　暗红色粪便

【病理变化】

（1）柔嫩艾美耳球虫感染时表现盲肠球虫。两侧盲肠显著肿大，增粗，外观呈暗红色或紫黑色，内为暗红色血凝块或血水，并混有肠黏膜坏死物质（图4-7，图4-8）。

图4-7 盲肠肿大，增粗，出血，暗红色

图4-8 盲肠内暗红色血凝块

（2）毒害艾美耳球虫、巨型艾美耳球虫、堆型艾美耳球虫、哈氏艾美耳球虫感染时，主要损害小肠。肠管增粗，肠壁增厚，有严重坏死，肠壁黏膜面上布有针尖大小出血点，肠浆膜面上有明显的灰白色斑点，有时可形成肠套叠（图4-9~图4-14）。

图4-9 肠管增粗，浆膜面上有明显的灰白色麸皮样斑点

图4-10 肠黏膜上致密的麸皮样黄色假膜，肠壁增厚，剪开自动外翻

图 4-11 空肠肿胀，出血，浆膜面　　图 4-12 肠管肿胀出血，浆膜面布
　　　　　布满灰白色坏死灶　　　　　　　　　满出血点

图 4-13 小肠肿胀，肠套叠　　　　图 4-14 小肠增生，浆膜外有点状
　　　　　　　　　　　　　　　　　　　　坏死

【预 防】

（1）严格消毒。空鸡舍在进行完常规消毒程序后，应用酒精喷灯对鸡舍的混凝土、金属物件器具以及墙壁（消毒范围不能低于鸡群 2 米）进行火焰消毒，消毒时一定要仔细，不能有遗漏的区域。

对木质、塑料器具用 2%～3% 热碱水浸泡洗刷消毒。对饲槽、饮水器、栖架及其他用具，每 7～10 天（在流行期每 3～4 天），用开水或热碱水洗涤消毒 1 次。

（2）加强饲养管理。推广网上平养模式；加强对垫料的管理；保持鸡舍清洁干燥，保证温度适宜，光照充足，通风良好；

供给富含维生素的饲料，增强鸡体抵抗力，在饲料或饮水内要增加维生素 A 和维生素 K。

（3）做好定期药物预防。可以在 7 日龄首免新城疫后，选择地克珠利、妥曲珠利配合鱼肝油，将球虫在生长前期杀死。如有明显肠炎症状，可用地克珠利、妥曲珠利配合氨苄西林钠、舒巴坦钠、肠黏膜修复剂等治疗。在新城疫二免之前，若鸡群中有球虫病，必须先治疗球虫病，再做新城疫免疫，防止引起免疫失败。10 日龄前，也可不予预防性投药，待出现球虫后再做治疗，可以使肉鸡前期轻微感染球虫，后期获得对球虫感染的抵抗力。

〔治　疗〕

对急性盲肠球虫病，以 30% 磺胺氯吡嗪钠为代表的磺胺类药物是治疗首选药物。按鸡群全天采食量每 100 千克饲料 200 克饮水，4~5 小时饮完，连用 3 天。

对急性小肠球虫病，复合磺胺类药物是治疗首选药物，配合治疗肠毒综合征的药物同时使用，效果更佳。

对慢性球虫病，以尼卡巴嗪、妥曲珠利、地克珠利为首选药物，配合治疗肠毒综合征的药物同时使用，效果更好。

对混合球虫感染，以复合磺胺类药物配合治疗肠毒综合征的药物饮水，连用 2 天，晚上用健肾护肾的药物饮水。

二、鸡住白细胞原虫病

〔流行特点〕

鸡住白细胞原虫病是由住白细胞原虫属的原虫寄生于鸡的红细胞和单核细胞而引起的一种以贫血为特征的寄生虫病，俗称白冠病。主要由卡氏住白细胞原虫和沙氏住白细胞原虫引起。其中，卡氏住白细胞原虫危害最为严重。该病可引起雏鸡大批死亡，中鸡发育受阻，成鸡贫血。

该病的发生与蠓和蚋的活动密切相关。蠓和蚋分别是卡氏住白细胞原虫和沙氏住白细胞原虫的传播媒介，因而该病多发生于库蠓和蚋大量出现的温暖季节，有明显的季节性。一般气温在20℃以上时，蠓和蚋繁殖快，活动强，该病流行严重。我国南方地区多发于4~10月份，北方地区多发生于7~9月份。

【临床症状】

雏鸡感染多呈急性经过。病鸡体温升高，精神沉郁，乏力，昏睡，食欲不振甚至废绝，两肢轻瘫，行步困难，运动失调，口流黏液，排白绿色稀便。消瘦，贫血，鸡冠和肉髯苍白，有暗红色针尖大出血点（图4-15，图

图4-15 鸡冠苍白

4-16）。12~14日龄的雏鸡因严重出血、咯血（图4-17）和呼吸困难而突然死亡，死亡率高。血液稀薄呈水样，不凝固。

图4-16 鸡冠苍白，有暗红色针尖大出血点

图4-17 咯 血

【病理变化】

图4-18　胸肌和腿肌点状或斑块状出血

皮下、肌肉，尤其胸肌和腿部肌肉有明显的点状或斑块状出血（图4-18）。肠系膜、心肌、胸肌或肝、脾、胰等器官有针尖或粟粒大与周围组织有明显界限的灰白色或红色小结节（图4-19~图4-22）。

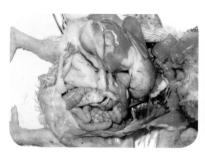

图4-19　胰脏上隆起的结节性出血

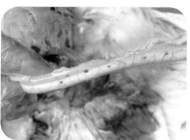

图4-20　小肠浆膜面上隆起的结节性出血

图4-21　心尖上的灰白色结节

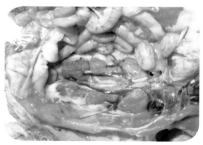

图4-22　肾脏周围出血，不凝固

【预　防】

预防该病重点是消灭昆虫媒介（蠓和蚋），应抓好三点：一是搞好鸡舍及周围环境卫生，清除鸡舍附近的杂草、水坑、畜禽粪便及污物，减少蠓、蚋滋生繁殖与藏匿；二是蠓和蚋繁殖季节，给鸡舍装配细眼纱窗，防止蠓、蚋进入；三是对鸡舍及周围环境，每隔6~7天用6%~7%马拉硫磷溶液或溴氰菊酯、戊酸氰醚酯等杀虫剂喷洒1次。

【治　疗】

对于病鸡应早期进行治疗。最好选用未使用过的药物，或同时使用两种药物，以避免产生耐药性而影响治疗效果。可用磺胺间甲氧嘧啶钠按50~100毫克/千克饲料混饲，并配合维生素 K_3 混合饮水，连用3~5天，间隔3天，药量减半后再连用5~10天即可。

三、鸡组织滴虫病

【流行特点】

鸡组织滴虫病又称盲肠肝炎、鸡黑头病，是鸡的一种急性原虫病。常发生于2~6周龄的鸡，散养优质肉鸡多见。该病常造成鸡头颈淤血呈黑色，故称黑头病。

【临床症状】

病鸡精神不振，食欲减退，翅下垂，呈硫黄色、淡黄色或淡绿色下痢。黑头，鸡冠、肉髯、头颈淤血，发绀（图4-23）。

图4-23　鸡冠、肉髯、头颈淤血，发绀

【病理变化】

一侧或两侧盲肠发炎、坏死，肠壁增厚或形成溃疡、干酪样肠芯（图4-24，图4-25）。肝脏肿大，表面有特征性扣状（榆钱样）凹陷坏死灶（图4-26），出现颜色各异、不整圆形稍有凹陷的溃疡状灶，通常呈黄灰色，或是淡绿色。溃疡灶的大小不等，一般为1~2厘米的环形病灶，也可能相互融合成大片的溃疡区。

图4-24 盲肠内形成栓塞物

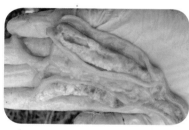

图4-25 盲肠壁增厚，内有干酪样栓塞

图4-26 肝脏肿大，表面有扣状凹陷坏死灶

【防　治】

加强饲养管理，建议采用笼养方式。用伊维菌素定期驱除异刺线虫。发病鸡群用氯苯胍治疗有效。每100千克饲料添加3.3克混匀，连喂1周，停药1周后再喂1周。

第五章　常见普通病

一、痛　风

【流行特点】

痛风是由于鸡机体内蛋白质代谢发生障碍，使大量的尿酸盐蓄积，沉积于内脏或关节而形成的高尿酸血症。当饲料中蛋白质含量过高，特别是动物内脏、肉屑、鱼粉、大豆和豌豆等富含核蛋白和嘌呤碱的原料过多时，可导致严重痛风；饲料中镁和钙含量过高或日粮中长期缺乏维生素 A 等，均可诱发本病。

【临床症状】

患病鸡开始无明显症状，以后逐渐表现为精神萎靡，食欲不振，消瘦，贫血，鸡冠萎缩、苍白。泄殖腔松弛，不自主地排白色稀便，污染泄殖腔下部羽毛。

关节型痛风，可见关节肿胀，瘫痪。病鸡蹲坐或独肢站立，跛行（图5-1）。

幼雏痛风，出壳数日到 10 日龄，排白色粪便（图5-2）。

图 5-1　爪部关节肿大

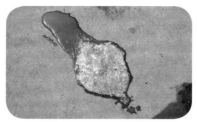

图 5-2　粪便夹杂白色尿酸盐

【病理变化】

脚垫肿胀，有白色尿酸盐沉积（图 5-3）；关节内充满白色黏稠液体，严重时关节组织发生溃疡、坏死（图 5-4）。

病死鸡肌肉、心脏、肝脏、腹膜、脾脏、肾脏及肠系膜、浆膜面等覆盖一层白色尿酸盐，似石灰样白膜（图 5-5~ 图 5-10）。

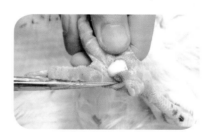

图 5-3　脚垫肿胀，有白色尿酸盐
　　　　沉积

图 5-4　关节轻度肿胀，有白色
　　　　尿酸盐沉积

图 5-5　龙骨下大量尿酸盐沉积

图 5-6　肾脏表面尿酸盐沉积

图 5-7　心包内有大量尿酸盐沉积

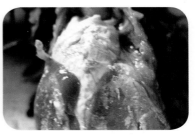
图 5-8　内脏与胸壁粘连

图 5-9　腺胃黏膜上尿酸盐沉积

图 5-10　腹部脂肪上尿酸盐沉积

【预　防】

加强饲养管理，保证饲料质量和营养全价，尤其不能缺乏维生素 A；做好诱发痛风疾病的防治；不要长期使用或过量使用对肾脏有损害的药物及消毒剂，如磺胺类药物、庆大霉素、卡那霉素、链霉素等。

【治　疗】

饲料和饮水中添加阿莫西林、人工补液盐等，连用 3～5 天，可缓解病情。使用清热解毒、通淋排石的中药方剂，也有较好疗效。治疗的同时降低饲料中蛋白质的水平，饮水中加入电解多维，给予充足的饮水，停止使用对肾脏有损害作用的药物和消毒剂。

二、痢菌净中毒

【流行特点】

痢菌净学名乙酰甲喹，为兽用广谱抗菌药物。由于其价格低廉，且对大肠杆菌病、沙门氏菌病、巴氏杆菌病等都有较好的治疗作用，故在养鸡生产中被广泛应用。

常见中毒的原因，一是搅拌不匀，特别是雏鸡更为明显；二是计算错误或称重不准确，使药物用量过大；三是重复或过量用药，由于当前兽药品种繁多，很多品种未标明实有成分，药物合用加大了痢菌净的实际用量；四是个别养殖户滥用药，随意加大用药剂量。

乙酰甲喹中毒造成的死亡率可达 20% ~ 40%，有的甚至达 90% 以上，且鸡日龄越小，对药物越敏感，给养鸡业造成的损失也就越大。

【临床症状】

病鸡缩颈呆立，翅膀下垂，喙、爪发绀，不喜活动，常呆立，采食减少或废绝。个别雏鸡发出尖叫声，腿软无力，步态不稳，肌肉震颤，最后倒地，抽搐而死。

【病理变化】

刚中毒的鸡，腺胃和肌胃交接处有暗褐色坏死（图 5-11）。中毒死亡的鸡，腺胃肿胀，乳头出血，肌胃皮质层脱落、出血、溃疡；腺胃、腺胃与肌胃交界处陈旧性出血、糜烂（图 5-12，图 5-13）。小肠中断局灶性出血；盲肠、结肠内有血样内容物（图 5-14）。肝脏肿大，呈暗红色，质脆易碎，胆囊肿大。

图 5-11 腺胃和肌胃交接处有暗
褐色坏死

图 5-12 腺胃与肌胃交界处陈旧性出
血、糜烂；小肠中段局灶性
出血；盲肠内有血样内容物

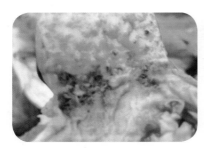
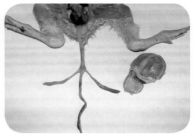

图 5-13 肌胃腺胃交界处糜烂、出血

图 5-14 盲肠、结肠局灶性出血腺
胃肌胃交界处陈旧性出血

【预 防】

生产中应用含有痢菌净成分的药物防治细菌性疾病时应特
别慎重，防止中毒发生。

【治 疗】

发生中毒立即停用痢菌净或含有痢菌净成分的药物。治疗
原则是解毒、保肝、护肝、强心脱水。首选药物为5%葡萄糖和
0.1%维生素C饮水，并且维生素C要在0.1%的基础上逐渐递减，
同时要严禁用对肝、肾有副作用的药物以及干扰素类生物制品。

三、磺胺类药物中毒

【流行特点】

磺胺类药物可分为三类：一类是易于肠道内吸收的，另一类是难以吸收的，第三类是局部外用的。其中以第一类中毒较易发生，常见的药物有磺胺噻唑、磺胺二甲嘧啶等。

中毒原因有四：一是长时间、大剂量使用磺胺类药物防治鸡球虫病、禽霍乱、鸡白痢等疾病；二是在饲料中搅拌不匀；三是由于计算失误，用药量超过规定的剂量；四是用于幼龄或弱体质肉鸡，或饲料中缺乏维生素 K。

雏鸡比成年鸡更易中毒，常发生于 6 周龄以下的肉鸡群。可造成大量死亡。

【临床症状】

病鸡表现委顿、采食量减少、体重减轻或增重减慢，常伴有下痢（图 5-15）。由于中毒的程度不同，鸡冠和肉髯先是苍白，继而发生黄疸。

【病理变化】

皮下胶冻样，出血（图 5-16），肌肉和内部器官出血，尤

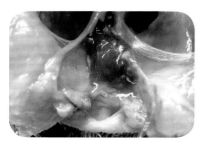
图 5-15　下痢

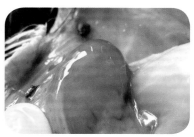
图 5-16　皮下胶冻样渗出

以胸肌、腿肌明显，呈点状或斑状出血（图 5-17）。肠道可见点状和斑块状出血，盲肠内出血（图 5-18）。腺胃和肌胃角质层下可能出血（图 5-19，图 5-20）；肝脏大、色黄，常有出血点和坏死灶（图 5-21）。肾脏肿大，土黄色（图 5-22）；输尿

图 5-17　腿肌出血

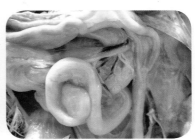

图 5-18　盲肠内出血

图 5-19　腺胃、肌胃交界处出血

图 5-20　肌胃、腺胃出血

图 5-21　肝脏肿大，心肌出血

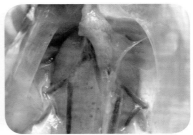

图 5-22　肾脏土黄色

管增粗，充满尿酸盐，肾盂和肾小管可见磺胺结晶。

【预　防】

使用磺胺类药物时用量要准确，搅拌要均匀；用药时间不应过长，一般不超过 5 天；雏鸡应用磺胺二甲嘧啶和磺胺喹噁啉时要特别注意；用药时应提高饲料中维生素 K_3 和维生素 B 的含量；将 2~3 种磺胺类药物联合使用可提高防治效果，减慢细菌耐药性产生。

【治　疗】

对发病的鸡立即停用磺胺类药，增加饮水量，在饮水中加入 1%~2% 小苏打和 5% 葡萄糖，加大饲料中维生素 K_3 和维生素 B、维生素 C 的含量；早期中毒可用甘草糖水进行一般性解毒，严重者可考虑通肾。

第六章　常见综合征

一、气囊炎

【流行特点】

气囊炎只是一个症状，而并不是一个独立的疾病。

流感病毒是近年来引发气囊炎的主要病原。其次，大肠杆菌、支原体（霉形体）、传染性支气管炎病毒、霉菌、鼻气管鸟杆菌等，都是导致气囊炎的重要病原。气候因素，通风、密度和湿度的问题，免疫抑制病的存在等，是发生气囊炎的重要诱因。

【临床症状】

鸡群呼吸急促甚至张口呼吸，皮肤及可视黏膜淤血，外观发红、发紫，精神沉郁，死亡率上升。

【病理变化】

气囊浑浊，增厚呈云雾状、泡沫样，严重的有干酪样物质渗出，严重病例，气囊外观似实体器官的瘤状物，打开可以见到干酪样物质充满其中（图6-1，图6-2）。肺脏有泡沫样渗出（图6-3）。肝周炎；心包炎，心包积液，有时出现胸腔积液（图6-4，图6-5）。

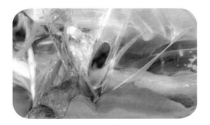

图 6-1　气囊浑浊，云雾状

图 6-2　气囊增厚，有黄色干酪样物

图 6-3　肺脏上的泡沫样渗出

图 6-4　肝周炎

图 6-5　心包炎，胸腔积液

【防　治】

对气囊炎进行有效治疗，首先应查明发生气囊炎的原因。如果只对气囊炎本身采取措施，不会取得很好的效果。本病治疗的基本原则是包括以下几点。

（1）消除病因，对症治疗。针对气囊炎发生的原因采取相应的措施，如抗病毒、抗菌消炎，清热、化痰、平喘等。改善饲养环境，处理好通风与保温的矛盾。

（2）加强饲养管理。

（3）控制好免疫抑制性病的发生也是控制气囊炎发生的重要措施。

（4）采取综合措施。不要只强调对气囊炎的单纯治疗，应重视对因治疗和全身治疗。

用药方案：通过注射、饮水、拌料等途径治疗气囊炎，药物的吸收难以达到有效的血药浓度，对气囊上的微生物很难杀死，因此，效果不很可靠。所以，在药物选择上，应该选用组织穿透能力强、血液浓度高、敏感程度高的药物作为首选药物如阿奇霉素、替米考星、林克霉素等。

使用气雾法用药能够使药物直达病灶，对气囊上的微生物予以直接杀灭。但气雾法用药应使用能调节雾滴粒子大小的气雾机，适宜大小的雾滴能够穿透肺脏而直到气囊。

二、肌腺胃炎

【流行特点】

腺胃炎可发生于不同品种、不同日龄的肉鸡。无季节性，一年四季均可发生，但以秋、冬季最为严重，多散发。流行广，传播快。在 7～10 日龄各品种雏鸡易感中，育雏室温度较低的鸡群更易发病，死亡率低，发病后易继发大肠杆菌、支原体、新城疫、球虫、肠炎等疾病，引起死亡率上升。

该病的发生可能有比较大的地域局限性。

该病是一种综合征。在良好饲养管理下（无发病诱因时）不表现临床症状或发病很轻。当有发病诱因时，鸡群则表现出腺胃炎的临床症状；诱因越重越多，症状越重。

【临床症状】

本病潜伏期内，鸡群精神和食欲没有明显变化，仅表现生长缓慢和打盹。病鸡羽毛蓬乱，无精神，翅膀下垂，采食量和饮水量明显下降，粪便变细，呈饲料颜色，采食量仅为正常采食量的一半。饲料转化率降低，排白色、白绿色、黄绿色稀粪，油性鱼肠样或烂胡萝卜样，少数病鸡排绿色粪便，粪便中有未消化的饲料和黏液，有时排稀薄的料粪（图6-6）。有时见到瘫鸡（图6-7）。

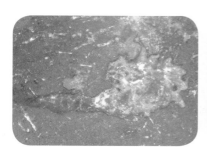
图6-6　稀薄的料粪

图6-7　病鸡瘫痪

【病理变化】

腺胃肿大如球，呈乳白色。腺胃乳头呈不规则突出、变形、肿大，轻轻挤压可挤出乳状液体。腺胃、肌胃连接处呈不同程度的糜烂、溃疡，肌胃壁肿胀，角质层糜烂（图6-8 ~图6-11）。胸腺、脾脏严重萎缩。

图 6-8　腺胃肿大

图 6-9　腺胃肿大，肌胃角质层增厚、糜烂

图 6-10　腺胃、肌胃交界处糜烂、溃疡，肌胃萎缩

图 6-11　腺胃乳头水肿

【防　治】

严格执行生物安全措施，加强饲养管理，尽可能减少鸡腺胃炎的诱因。

根据当地养鸡疫病流行特点，结合本场的实际，科学制定免疫程序，严格进行免疫接种。着重做好鸡新城疫、禽流感、传染性支气管炎、传染性法氏囊病的免疫预防，是防止鸡腺胃炎发生的重要手段之一。

药物防治：① 中药木香、苍术、厚朴、山楂、神曲、甘草等分别粉碎过筛后，与庆大霉素、雷尼替丁同时使用，有较好效果。② 在饮水中添加维生素B＋青霉素（或头孢类）＋中药开胃健胃口服液（严重个别鸡投西咪替丁）＋干扰素。

三、肠毒综合征

肉鸡肠毒综合征又叫过料症，是商品肉鸡群普遍存在的一种以腹泻、粪便中含有未被消化的饲料、采食量明显下降、生长缓慢或体重减轻、脱水和饲料报酬下降为特征的疾病。

【流行特点】

地面平养肉鸡发病率高于网上平养。各年龄段，早至7～10日龄，晚至40日龄均有发病。投服常规促消化药不能收到理想的效果，最后导致鸡群体弱多病，料肉比增高，后期死亡率较大，大大提高了饲养成本。

【临床症状】

最急性病例死亡很快，死前不表现任何临床症状，死后两脚直伸，腹部朝天，多为鸡群中体质较好者。

图6-12　病鸡一只脚直伸

急性病鸡表现尖叫、奔跑，瘫痪或共济失调，常见到一只脚伸直（图6-12），采食量迅速下降，接着腾空跳跃几下便仰面朝天而死。

慢性病例多见，初期无明显症状，消化

不良，粪便颜色也接近料色，内含未消化完全的饲料，时间稍长会发现鸡群长势不佳、减料、料比偏高。随着时间的延长，鸡的粪便中出现肉样或烂番茄样、鱼肠样夹带白色石灰样稀便或灰黄色（接近饲料颜色）的水样稀便（图6-13）。

图6-13　鱼肠样夹带白色石灰样稀便

【病理变化】

肠管增粗，肠壁菲薄、出血，肠道内有未被消化的饲料或脓性分泌物（图6-14~图6-18）。

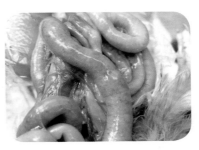

图6-14　肠壁菲薄，肠管增粗

图6-15　肠壁出血

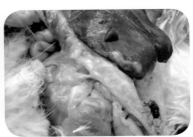

图6-16　肠道内脓性分泌物

图 6-17　肠壁出血，肠内有未消化
　　　　　的饲料

图 6-18　肠内未消化的饲料被脓性
　　　　　分泌物包裹

【防　治】

防治本病，避免出现以下 3 个误区。

（1）强制止泻。肠毒综合征死亡率高的原因不在于腹泻，而是自体中毒。发生肠毒综合征时要注意引导排毒，而不是一味止泻。

（2）使用多种维生素。维生素可以补充营养、增强机体抵抗力，但是鸡患肠毒综合征时禁止使用。

（3）拌料给药。肠毒综合征会导致肉鸡不断钩料（把料筒里的料钩到地上），再加上鸡发病后采食量会出现不同程度的下降，如果此时拌料给药，就会导致饲料被大多数健康鸡和症状轻微的鸡吃了，病鸡没食欲，或者吃得很少，达不到治疗效果。

因此，适时合理地进行药物防治，尤其注意预防球虫病的发生，是治疗肠毒综合征的首要任务，推荐使用磺胺类药。可首先在饮水、饲料中使用磺胺类药物，球虫药用到第 3 天时将抗生素（如氨基糖苷类）和喹诺酮类药物联合使用效果不错；

对细菌、病毒混合感染的情况，在使用大环内酯类药物的同时，添加黄芪多糖粉。

平时要加强饲养管理，中后期尽可能保持鸡舍内环境清洁干燥，加强通风换气，减少球虫病、呼吸道病和大肠杆菌病等的发病。

主要参考文献

［1］陈理盾，李新正，靳双星．禽病彩色图谱［M］．沈阳：
辽宁科学技术出版社，2009．

［2］李连任．商品肉鸡常见病防治技术［M］．北京：化学工
业出版社，2012．

［3］李连任．轻松学鸡病防制［M］．北京：中国农业科学技
术出版社，2014．